小水电 大事业

——"十二五"农村水电典型撷英

田中兴 陈大勇 编著

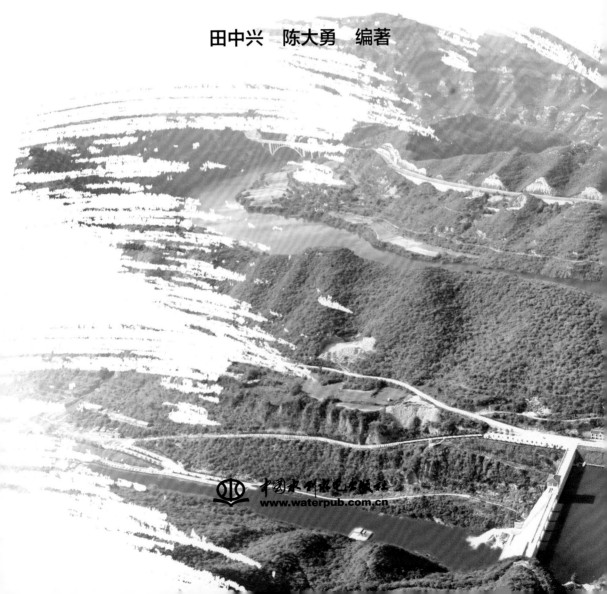

中国水利水电出版社
www.waterpub.com.cn

内容提要

本书收录 50 篇文章，通过鲜活的实例真实记录了一批小水电站、企业、片区、小流域等水电开发建设管理的典型，展示"十二五"期间小水电在节能减排、地方发展、生态建设、扶贫解困、应急抢险、旅游开发、环境保护等方面的显著成效，也反映了基层水电人对新时期小水电发展方向的积极探索。

本书适用于从事农村水电建设、管理人员阅读，也适用于相关领域的管理和技术人员参考。

图书在版编目（ＣＩＰ）数据

小水电　大事业："十二五"农村水电典型撷英 /
田中兴，陈大勇编著. -- 北京：中国水利水电出版社，
2016.3
  ISBN 978-7-5170-4225-9

Ⅰ. ①小… Ⅱ. ①田… ②陈… Ⅲ. ①农村－水利水
电工程－概况－中国－2011～2015 Ⅳ. ①TV

中国版本图书馆CIP数据核字(2016)第064429号

书　　名	小水电　大事业——"十二五"农村水电典型撷英	
作　　者	田中兴　陈大勇　编著	
出版发行	中国水利水电出版社	
	(北京市海淀区玉渊潭南路1号D座　100038)	
	网址: www.waterpub.com.cn	
	E-mail: sales@waterpub.com.cn	
	电话: (010) 68367658 (发行部)	
经　　售	北京科水图书销售中心 (零售)	
	电话: (010) 88383994、63202643、68545874	
	全国各地新华书店和相关出版物销售网点	
排　　版	中国水利水电出版社装帧出版部	
印　　刷	北京博图彩色印刷有限公司	
规　　格	175mm×250mm　16开本　17印张　264千字	
版　　次	2016年3月第1版　2016年3月第1次印刷	
印　　数	0001—1500册	
定　　价	89.00元	

《小水电　大事业——"十二五"农村水电典型撷英》

编写委员会

主　任：田中兴
副主任：邢援越　陈大勇　刘仲民　许德志
成　员：夏海霞　张学进　付自龙　岳梦华　周　双　张玉卓
主　编：田中兴　陈大勇

小水电的历史作用和现实担当
（代序）

我国农村水能资源十分丰富，5万kW及以下的小水电技术可开发装机容量1.28亿kW，年发电量5350亿kW·h，广泛分布在1700多个县。在党中央、国务院的高度重视和有关部门及地方政府的大力支持下，通过治水办电相结合，小水电建设稳步发展。截至2015年年底，全国已建成装机在5万kW及以下的小水电站47000多座，装机容量7500万kW，年发电量2300多亿kW·h，装机容量和年发电量均占全国水电的1/4。按装机容量统计，我国小水电开发率为58.6%，按发电量统计为43%。小水电的发展对我国电力工业发展，尤其是对广大山区农村的经济社会发展和农民脱贫致富作出了历史性贡献。在中央提出"四个全面"重大战略布局，我国经济发展步入新常态的历史条件下，发挥资源优势，科学有序发展，为实现总体战略目标服好务，小水电仍然大有可为。

一、小水电的历史作用

我国小水电从无到有、从小到大，在不同的历史时期发挥了不同的历史作用，取得了辉煌成就。

1. 助力贫困山区实现了农村电气化

1983年国家启动农村水电初级电气化试点建设，在中央政策支持、资金扶持下，地方以自力更生为主开发小水电，建设配套电网，在全国范围内形成了40多个区域电网，600多个县以小水电供电为主。电气化县户通电率从1980年的不足40%提高到2015年的99.9%，户均年生活用电量从不足200kW·h提高到1200kW·h，使全国1/2的地域、1/3的县（市）、3亿多农村人口用上了电，小水电点亮了中国农村。

2. 改善了生态环境

小水电代燃料项目实施以来，解决了 400 万农民的生活燃料，每年可减少薪柴消耗 670 万 m³，保护森林面积 1400 万亩。通过开展绿色小水电建设，强化电站减水河段生态修复治理和下泄流量监管，中小河流生态得到明显改善。许多地方利用小水电开发形成的水面，营造人工湿地和亲水走廊，成为城镇景观和良好的旅游、休闲活动场所。通过开发小水电，初步治理了数千条中小河流，形成水库库容 2000 多亿 m³，有效灌溉面积上亿亩，在保障城镇防洪安全、改善灌溉和供水条件、促进山区生态文明建设等方面发挥了重要作用。

3. 拉动了当地内需增长

农村水电建设产业链长，既可增加建材、机电设备需求，带动机械和建筑业发展，又可增加就业机会和农民收入，促进家电下乡，繁荣农村市场。"十二五"中央投资 138 亿元，拉动农村水电项目完成总投资 1400 多亿元，相当中央投资 1 元，拉动社会投资 10 元。农村水电站发售电总收入 6000 多亿元，上缴税金 500 多亿元，累计提供就业岗位 150 多万个，为地方财政提供了稳定来源，为贫困地区发展注入了活力。

4. 带动了农村经济社会发展

大力发展小水电，增强山区农村造血功能，带动了农村工业化、城镇化，促进了县域经济发展。1999 年，广东 33 个电气化县的小水电企业总计上缴税费 30 亿元，占 33 个县财政收入的 22%；甘肃省甘南藏族自治州的小水电企业总计上缴的税金占全州财政收入的 30%，其中舟曲县和卓尼县占县财政收入的 70% 以上。目前，许多县小水电提供的利税在县财政收入中仍然占很大的比重，有的县财政收入的一半以上来自小水电。小水电的发展还带动农村中小型基础设施和公共设施建设，改善了农村生产生活条件，封闭的山村从此有了电、供了水、通了路、改了厨，农村社会面貌焕然一新。

5. 促进了山区农民脱贫致富

农村集体经济组织和农民通过资源资金入股、征地补偿、参与工程建设和运行管理等途径，每年稳定增加收入 10 亿元以上。小水电代燃料户年均可减少电费支出 300 元。项目区农民通过外出务工、发展特色农业或开展特色旅游等，每户年均增加收入5000多元。

6. 增强了农民市场经济意识

股份制开发小水电开辟了农民增收新途径，农民的市场经济意识得到增强，积极参与到市场经济建设中来。湖南省桂东县全县参股开发小水电的农户8000余户，占股民总数的75%，入股资金3亿元，占股金总额的50%。小水电股份制开发，不仅更新了老百姓的观念，更壮大了老百姓的胆略。浙江、福建、广东、湖南等地一批农民企业家利用在当地开发小水电积累的经验，到云南、贵州、四川等水能资源丰富地区积极投身西南水电开发。

7. 保障了区域灾害时的应急供电

小水电就地开发、就近供电形成的小水电网，在电力主网因灾解列、停运等情况下，能够发挥其分布供电的优势，通过"黑启动"迅速恢复供电能力，有效降低灾害损失。在2008年年初我国南方发生的雨雪冰冻灾害中，小水电在为部分大电厂提供启动电源的同时，还保障了200多个县城、2000多个乡（镇）春节和电力主网恢复重建期间的供电，并为京九、鹰厦、渝怀、湘黔等铁路畅通发挥了关键作用。在汶川、玉树地震等特大自然灾害中，小水电都在第一时间保障了应急救灾的电力供应，成为点亮区域电网的最后一根火柴。

8. 推动了世界小水电发展

我国开发小水电、建设农村电气化的经验得到国际社会的普遍赞誉。总部设在我国杭州的联合国国际小水电中心先后为30多个国家提供了小水电技术咨询和服务，为发展中国家培训了大批小水电技术骨干，带动了国内小水电设备出口和劳务输出。"点亮非洲"项目得到联合国的充分肯定和非洲国家的欢迎。2015年4月，习近平主席同巴基斯坦总理谢里夫共同为"中巴小型水电技术国家联合研究中心"揭牌，开启了我国小水电国际合作与交流的新篇章。

二、小水电的新使命

为实现全面建成小康社会的奋斗目标，在新的历史起点上，小水电肩负着新的使命。

1. 增加清洁能源供应

2014年中国人均GDP为7450美元，仅排在世界上90位左右。我国仍然是世界上最大的发展中国家，正处于工业化、信息化、城镇化和农业现代化的快速发展时期。目前，我国的年人均用电量还不到 4000kW·h，用电水平还很低，距挪威、美国、澳大利亚、韩国等发达国家年人均 1 万 kW·h 以上的用电水平有较大差距，在节能降耗的同时也必须增加能源供应。根据《能源发展战略行动计划 (2014—2020 年)》，我国将继续实施"节约、清洁、安全"的能源发展战略，大力发展非化石能源，积极发展水电。我国小水电资源储量丰富，合理开发后，可提供 1 亿多 t 标准煤的能源供给量。

2. 推进生态文明建设

人类活动已在改变世界气候系统。2014 年联合国发布报告称，在遏制气候变化问题上要实现 21 世纪全球平均温升不超过 2℃ 的目标，至 2050 年全球温室气体排放须较当前减少40% ~ 70%，到 2100 年接近零。为应对全球气候变化这一人类面临的最大威胁，我国宣布了 2020 年后应对气候变化行动计划。2015 年《中共中央　国务院关于加快推进生态文明建设的意见》提出，到 2020 年我国非化石能源占一次能源消费比重达到 15% 左右。2030 年非化石能源占一次能源消费比重要提高到 20% 左右。2014 年中国非化石能源消费占一次能源消费为 11.1%。目前，在我国 13.6 亿 kW 的电力装机中，水电仅占电力总装机的 22%。水电替代化石能源，减少温室气体和污染物排放效果明显。2015 年小水电发电量 2300 亿 kW·h，替代 7500 万 t 标准煤，减少二氧化碳排放 2.0 亿 t，减少二氧化硫排放 180 万 t。

3. 助力山区农村脱贫致富

目前，我国农村水能资源开发率按装机容量统计为 58.6%，按发电量统计仅为 43%，未开发资源大部分集中在 832 个贫困县。农村水电有服务"三农"的优良传统，与扶贫开发结合紧密。按照中央关于精准扶贫精准脱贫的要求，在农村水能资源丰富的贫困地区实施农村水电扶贫工程，大力扶持小水电发展，将在改善农村贫困人口生产生活条件，创造就业机会，增加农民收入方面发挥应有的作用，实现小水电"造血"脱贫、可持续脱贫。

三、小水电是优势的清洁可再生能源

小水电一直以来在我国经济社会发展中发挥着不可替代的独特作用，与其资源属性密不可分，与其他能源资源相比，小水电具有一定的比较优势。

1. 资源丰富，技术成熟

根据 2009 年全国农村水能调查评价成果，我国小水电技术可开发量 1.28 亿 kW，按照现在的技术水平、勘查手段和评价标准，应该还有更大的潜力。小水电在我国已有 100 多年历史，是大规模开发利用最早、技术最成熟的可再生能源。我国在小水电设计、施工、设备制造、运行管理等方面都已处于世界领先行列。小水电站运行可靠，出力相对稳定，年平均利用小时数约 3200h，高于风力发电的 1900h 和太阳能发电的 1100h，2014 年小水电装机容量是风力发电装机容量的 3/4，发电量是风力发电的 1.5 倍。有调节能力的小水电站，一般都承担着调峰、调频的任务，以保证供电品质和电网安全。同时小水电也不需要配套建设常规能源来保证电网稳定。

2. 成本经济，能源回报率高

据国家电网公司能源研究院、北京大学环境科学与工程学院等机构研究，包括固定资产投资、运行和维护成本、退役成本等在内的电站全生命周期的发电成本，水电为 0.15 元 / （kW·h）、光伏发电为 0.34 元 / （kW·h）、风力发电为 0.55 元 / （kW·h），水电成本最低。能源回报率是能源设施建设和运行全过程中能源产出投入的比值。根据加拿大魁北克水电局的研究，水库式水电的能源回报率为 208 ～ 280，径流式水电的能源回报率为 170 ～ 267，风电为 18 ～ 34，生物能为 3.5，太阳能为 3 ～ 6，传统火力发电为 2.5 ～ 5.1，水电的能源回报率最高。

3. 具有综合效益，减排优势明显

与风力、太阳能以单一发电为主不同，小水电工程具有良好的综合效益，除了提供清洁的电能，还具有城镇防洪、农业灌溉、城乡供水、水产养殖和亲水旅游等多重功能。据中国环境科学研究院研究，小水电（径流式为主）全生命周期替代燃煤火电减排温室气体和 PM2.5 的因子为 937 ～ 1019g/(kW·h) 和 0.202g/(kW·h)，风力发电为 921 ～ 1013g/(kW·h) 和 0.134g/(kW·h)，太阳能发电为 820 ～ 984g/(kW·h) 和 0.131g/(kW·h)。小水电的减排优势明显，减排 PM2.5 的效益是风力、太阳能发电的 1.5 倍以上。

四、客观看待小水电对生态环境的影响

近年来社会公众关注的小水电对生态环境的影响，主要有以下几个方面。

1. 开发程度

截至 2015 年年底，按电能统计，全国小水电开发率约为 43%，远低于欧美发达国家的水电开发程度。目前，瑞士、法国开发程度达到 97%，西班牙、意大利开发程度达到 96%，日本开发程度达到 84%、美国开发程度达到 73%。因此，在宏观层面看我国小水电的开发率并不算高，还有很大的空间。一条河流、一个区域建多少水电站没有统一的量化标准，这取决于河流资源禀赋和功能，需要通过专业的论证和规范的审查审批，在规划中明确。某条河流、某一区域水电站建设多与少、疏与密，应该具体问题具体分析，在规划中予以体现。

2. 河段减脱水

我国有些山区河流本身就是季节性河流，枯水期存在河水断流、河床裸露。一些早期建设的引水式电站受当时经济技术条件限制，没有设计、建造最小流量泄放设施。同时，水资源开发利用程度越来越高，诸多因素都使得引水河段的减水脱流现象有所加剧。"十二五"期间，在财政部的大力支持下，全国 4400 多座老旧水电站进行了增效扩容改造，通过工程和生态措施，改善了近 2000 条中小河流的生态环境。福建、陕西、甘肃等地也出台了水电站最小下泄流量的计算、设计和监管办法，要求老旧水电站通过设置生态泄水管、增设生态机组、新建壅水坝和开展梯级联合调度等措施，确保厂坝间河段生态需水。总的来说，通过政策约束、标准修订、项目引导和加强监管，河段减脱水的问题可以在一定程度上得到解决。

3. 鱼类保护

过度捕捞、水体污染、闸坝建设阻截河道引起水环境变迁和外来物种入侵等，都会造成鱼类种类和数量减少。小水电开发对鱼类的影响主要是筑坝截断河流，阻隔了洄游性鱼类的洄游路线，同时使流水变为静水，影响了喜流水性种类的生存，但也使喜静水生活的种类在库区成为优势种群。2012 年，水利部组织全国对 3500 多条中小河流水能资源开发

规划进行了修编，凡涉及国家和地方重点保护、珍稀濒危或特有水生生物的河段不再规划新建小水电项目。

4. 水土保持

小水电的水土流失问题主要在建设施工阶段，这是建设监管问题。解决好这些问题需要各级水行政主管部门切实履行法定职责，加强建设项目水土保持方案实施的监督和检查，督促业主和施工单位严格贯彻落实"三同时"制度，加强水土保持工程监理和水土流失监测，落实水土流失防治责任。随着政府职能转变的深入，监管职能的逐步加强，小水电建设中水土流失问题将会得到进一步治理。

5. 地质灾害防治

公众曾质疑舟曲泥石流灾害与白龙江建设水电站有关。根据2010年国土资源部的通报，"5·12"汶川特大地震致使山体松垮，半年多长期干旱，加之瞬间性强降暴雨，是造成舟曲特大泥石流灾害的主要原因。小水电开发造成局部山体扰动和水土流失问题是存在的，但不是造成舟曲"8·8"特大山洪泥石流灾害发生的成因。清华大学经过多年的研究试验表明，水电开发不仅不会引发泥石流灾害，还能减少和减轻泥石流等地质灾害。水电站不仅能够把90%以上的河水能量转化为电能，减小水流的破坏力，而且梯级电站可以形成"人工阶梯—深潭系统"，能够控制河床的侵蚀下切，维持河床稳定，从而消减泥石流等地质灾害的危害。

总的来说，通过良好的规划设计、科学调度和加强监管等措施，小水电开发对局地生态环境的不利影响，完全可以降至最低程度甚至消除。从宏观战略和区域经济发展层面，开发小水电提供清洁电力，替代节约化石能源，减排温室气体和烟粉尘，具有巨大的环境效益，同时小水电在防洪减灾、治理江河、保障供水等方面还有综合效益和扶贫解困等社会效益，开发利用小水电利大于弊。近年来，通过违规水电站清查整改、老旧水电站增效扩容改造、中小河流水能资源开发规划修编、绿色小水电建设、安全生产标准化建设等一系列措施，我国小水电发展得越来越好，越来越规范。

五、国际社会对小水电发展的共识

世界各国对小水电的定义不同，欧盟小水电协会将小水电定义为单站装机容量1万kW

以下,俄罗斯定义为单站装机容量3万kW以下,美国各个州对小水电的定义不同,范围从0.5万~10万kW。但是世界各国对小水电的价值判断和正面作用的认识是一致的。

1. 欧美发达国家也很重视小水电开发

美国国会决定修订现有的法律法规,快速有效地促进小水电的发展。2013年8月,美国施行《水电监管效率法案》和《垦务局小水电发展和农村就业法案》,简化和加快小水电开发监管审批的程序。美国目前不仅对小河流发电问题特别重视,对回收和开发灌溉渠道上的跌水、分水节制闸和退水闸上的微小水能也很感兴趣,还准备利用现有坝和水库以及其他水利设施的水能资源发展小水电和微型水电站。欧洲水电建设历史悠久,开发程度高,开发率多在70%以上。欧盟为实现到2020年可再生能源占总能源比例达到20%的强制目标,在水电开发程度较高的情况下,仍计划通过改扩建或新建小型水电工程,使得2020年水电装机容量在2010年的基础上增加6.2%。奥地利为促进小水电建设,自2010年开始,对装机容量在1万kW以下的小水电新建或改造项目进行投资补贴,每千瓦投资补助400~1500欧元,补贴额度不超过项目总投资的30%。

2. 世界银行等国际组织持续加大对小水电项目建设的支持力度

2009年世界银行发布《水电发展方向》,认为水电对能源安全具有非常重要的作用,有助于促进区域发展和消除贫困,有助于应对气候变化的挑战,同时作为水利基础设施能够帮助调节洪旱灾害,提高水资源的配置效率。近年来,世界银行加大了对水电行业的贷款,2002—2014年间将超过88亿美元的资金用于新建和改建水电站,其中装机容量小于3万kW的水电站占一半左右。亚洲开发银行认为水电是高效的清洁可再生能源,减少了化石燃料消耗,并可用于防洪和灌溉。2015年世界水电大会上亚行东亚部总裁兼能源委员会主席布噶瓦强调,亚太地区水电开发的重要性毋庸置疑,水电是清洁能源,亚洲开发银行坚定支持清洁能源发展,在过去20多年里,已经为亚太地区的水电累计投资了数十亿美元。

3. 国际社会积极探索推进水电可持续发展

水电是清洁可再生能源,各国都在努力寻求水电开发中对生态环境影响最小的措施和方法。近年来，国际上先后开展了绿色水电认证、低影响水电认证和水电可持续性评估，为促进水电开发更好地保护生态环境、实现可持续发展进行了良好的实践。以瑞士绿色水电认证为代表，认证标准从水文特征、河流系统连通性、泥沙与河流形态、景观与生境、生物群落等5个方面反映健康河流生态系统的特征，并通过最小流量管理、调峰、水库管理、泥沙管理、水电站设计等5个方面的管理措施来实现。利用市场激励机制，引导消费者购买环境友好的产品，鼓励业主自愿保护环境和修复生态，为实现水电可持续发展探寻了新的路径。

六、科学发展小水电

2011年《中共中央国务院关于加快水利改革发展的决定》明确要求在保护生态和农民利益的前提下，加快水能资源开发利用，大力发展农村水电。根据我国能源发展规划，到2020年全国水电总装机容量达到4.2亿kW，小水电装机容量达到7500万kW。我们应当把认识回归到小水电是清洁可再生能源的常识上来，把思想统一到中央精神上来，因地制宜，统筹规划，科学发展小水电。

1. 转变发展方式科学发展

落实创新、协调、绿色、开放、共享五大发展理念，坚持开发与保护统一、新建与改造统筹、建设与管理并重的发展方式，以农村小水电扶贫工程和农村水电增效扩容改造为抓手，丰富建设内涵，充分发挥市场在农村水能资源开发中的决定性作用，努力争取中央资金扶持，鼓励和引导社会资本加大对小水电建设投资。通过新建和改扩建，力争"十三五"新增小水电装机容量600万kW。

（1）修编中小河流水能资源开发规划。做好3500多条中小河流水能资源开发规划的修编工作，统筹协调好发电与防洪、供水、灌溉、生态和环境保护等的关系，在禁止开发区禁止开发，在部分生态脆弱地区和重要生态功能区限制开发，在环境承载能力较强地区重点开发，科学合理确定水能资源开发程度和开发方案。

（2）推进绿色小水电建设。抓紧编制绿色小水电评价标准，力争尽快颁布实施；推广绿色小水电建设在减水河段治理、最小下泄流量监管等方面的经验，引导农村水电行业更好落实生态环境保护要求。深入研究农村水电在维护改善河流生态环境、优化资源配置方面的生态修复与治理措施，探索已建水电站综合评价及老旧农村水电站报废退出机制。

（3）切实加强安全监管。进一步健全安全监管制度，明确安全生产主体责任，严格事故督查和责任追究。以安全生产"双主体"责任落实和农村水电安全生产标准化建设为重点，健全"平安水电"制度体系，全面提高农村水电行业安全生产水平，力争 2016 年年底前建成 1000 座安全生产标准化水电站。

（4）积极践行电力体制改革。深化电力体制改革对小水电发展是机遇，也提出了更高要求。积极参与相关配套政策、工作方案及配套措施的制定，组织和指导小水电行业和企业积极响应和参与国家在电价改革、市场化交易机制建立、售电侧放开和分布式能源发展等方面的试点工作，勇做改革的先行者，争取在改革中赢得大发展。

2. 加大政策支持力度

小水电开发受财政、税收、上网和价格等政策影响较大，加之长期承担着较多的社会公益功能，盈利水平一直较低，可持续发展能力不足，尤其是近年来资源开发难度越来越大，生态环境保护要求越来越高，小水电的发展需要国家持续、稳定的政策支持。

（1）加大中央资金支持力度。近年来中央每年补助上百亿资金支持太阳能等可再生能源发展，实施了"太阳能光电建筑应用示范项目""绿色能源示范县""金太阳示范工程""新能源示范城市和产业园区""分布式光伏发电示范区""光伏发电扶贫工程"等中央补助建设项目，而小水电"十二五"中央补助建设资金年均不到 30 亿元，远不及光伏发电的中央资金支持力度。中央财政资金和预算内资金应当继续支持实施农村水电中央补助项目，不断加大资金支持力度，尽快启动农村水电精准扶贫工程。同时参考借鉴国家支持分布式光伏发电金融服务的做法，加大对小水电开发的融资支持力度。

（2）落实可再生能源保障性政策，合理确定上网电价。落实可再生能源发电全额保障性收购制度，优先调度小水电，保障小水电电量全额上网。目前，全国小水电平均上网电价 0.317 元 /（kW·h），约为风力发电上网电价的 1/2、光伏发电的 1/3、火力发电的 3/4。应当合理确定小水电的上网电价，综合考虑可再生能源环保加价原则，并对具有综合利用功能和承担公益性任务重的小水电站适当加价，逐步缩小小水电与光伏发电、风力发电等可再生能源和火力发电上网电价的差距。

历史上用水点灯、治水办电相结合发展小水电，累计使 3 亿多无电人口用上了电，数千条中小河流得到初步治理，小水电以其旺盛的生命力和鲜明的中国特色成为我国经济社会发展的一个缩影。新的形势赋予小水电新的机遇和挑战，我们将继续推进"民生水电、平安水电、绿色水电、和谐水电"建设，促进小水电实现科学开发和可持续利用，为全面建成小康社会做出新的更大贡献。

水利部农村水电及电气化发展局局长

2015 年 12 月

前　言

　　小水电是山区农村生产生活的重要能源，也是发展可再生能源和推进节能减排的一项重要民生工程。"十二五"期间，按照党中央、国务院在保护生态和农民利益前提下，大力发展农村水电的总体要求，各地区因地制宜，治水与办电相结合，以水电新农村电气化县、小水电代燃料和农村水电增效扩容改造等为抓手，大力开展民生水电、平安水电、绿色水电、和谐水电建设，农村水电得到持续、稳定、健康发展。"十二五"期间全国新增装机容量超过 1300 万 kW，总装机容量超过 7500 万 kW，超额完成了"十二五"规划目标。

　　为真实反映小水电在节能减排、地方发展、生态建设、扶贫解困、应急抢险、旅游开发、环境保护等方面的突出成效，水利部水电局组织各省（自治区、直辖市）推荐一批水电开发建设管理的基层典型，通过采写、撰写和基层单位供稿等方式，编辑整理约 50 篇文章。通过鲜活的实例反映"小水电，大事业"这一主题。

　　各省（自治区、直辖市）水利厅水电管理部门，各基层小水电管理单位为选点、组稿做了大量工作，在此表示衷心感谢。受篇幅限制，更多的优秀典型没有囊括进来，加之水平有限，书中有不准确和疏漏之处诚请读者批评指正。

　　为扩大宣传范围，在组稿过程中，本书的部分文章在新华网、人民网、中国农村水电及电气化信息网刊载过。

编者

2015 年 12 月

目录

滹沱河畔"金太阳"
——记平山县秘家会水电站
河北省水利厅水电处

秘家会水电站全貌

聂荣臻元帅题写的秘家会水电站

平山县位于太行山中段、滹沱河中游,这里山川秀美,人杰地灵;这里是党中央最后一个农村指挥所——西柏坡所在地,共和国雏形——华北人民政府当时分布在平山县大山深处。巍巍太行山养育了英雄的平山儿女,滔滔滹沱河哺育了勤劳的平山人民。战争年代平山人民的最后一担米送去做军粮、最后一床被盖在担架上、最后一个儿送其上前线,老区人民为中国的解放事业做出了巨大贡献和重大牺牲。新中国成立后平山人民战天斗地、治水修渠,人民群众的生产生活条件有了初步改善。但是到了20世纪70年代,小觉公社的人民群众看着奔腾不息的滹沱河水依然白白流淌,人民群众仍然过着缺电无电、缺医少药、看天吃饭的生活。"文化大革命"结束后,小觉公社在各级政府支持下，在水利部门的帮助下，动员全公社群众拦河筑坝、劈山修渠，自力更生、艰苦奋斗，用3年多时间，建成了装机容量为3×800kW的秘家会水电站，解决了当地群众无电、缺电问题。水电站建成35年来，安全运行6839天，为国家电网输送清洁电能24343万kW·h，创造直接经济效益10224万元。在

秘家会水电站办公楼

自身发展壮大的同时，秘家会水电站不忘当地百姓，主动回馈社会、解决群众困难、服务地方经济发展，多年来共资助当地养老院、乡村医疗卫生事业、中小学教育、乡村文化中心（站）建设、村镇街区公益建设等1100余万元，为美丽乡村建设和社会经济发展做出了突出贡献。

一、群策群力建水电站，团结一心促发展

平山县小觉公社地处革命老区、河北电网的末梢，20世纪70年代，这里的电力基础设施十分落后。当时全公社19个行政村、3000多户人家，仅靠两台输出电

秘家会水电站中控室

压为110V的小型柴油发电机组提供日常照明用电且时断时停，除主电网附近小觉村、郜家庄村、卸甲河村、庄窝村几个较大村庄外，全镇近70%的村庄常年处于无电状态，工农业生产用电无从谈起，人民群众的生活节奏依然是日出而作、日落而息。

"文化大革命"结束后，小

觉公社党委、政府经过筹划，决定在滹沱河中游秘家会村南建设一座水电站，1977年5月1日水电站正式开工建设。小觉公社党委、政府带领广大群众，自力更生、艰苦风斗、团结一心、克服困难，群策群力、勇往直前，提出了"锁滹沱、穿太行，牵龙王、建电站"的口号，克服了当时资金紧张、物质缺乏、技术人员少、没有专业施工队伍等困难，在保证工程质量和安全的前提下，尽可能使用本地的建筑材料，本地无法解决的材料和设备，在全国范围内寻求支持和帮助。在此生活战斗过的聂荣臻元帅闻知秘家会水电站建设喜讯，欣然命笔，为电站题写了"平山县小觉公社秘家会水电站"站名，聂荣臻元帅对老区人民的关怀极大地鼓舞了当地干部和群众的热情与干劲，加快了工程建设进度，提高了工程建设质量，1980年10月1日，秘家会水电站正式并网发电。

秘家会水电站

为解决小觉公社偏远山村用电问题，秘家会水电站又筹资15万元在小觉公社南沟一带架设了输电线路"小下线"，建设了小觉公社第一座配电室，结束了南桃杏、北桃杏、湾子村、横岭村等偏僻村庄无电的历史，使小觉公社19个行政村全部实现正常供电，各村建起了电动米面加工厂，结束了石碾磨米面的历史，极大地方便了群众生活。电力供应有了保证，林果加工、石材加工等乡镇企业迅速发展；农业提灌能力增强，水浇地面积大幅度增加，粮食增产增收。工农业生产发展，壮大了集体经济，各项事业兴旺发达。

秘家会水电站应急泵站

二、严格管理，为社会提供清洁能源

秘家会水电站建成后，逐步建立并完善了各项规章制度，与时俱进学习行业内新规章、新标准、新技术，高度重视职工素质培养和提高，实现了水电站安全生产、满发多供、经济高效。

（1）重视内部挖潜，抓好技改增效。秘家会水电站1980年投产发电，机电设备是20世纪70年代的产品，受当时技术水平、加工能力、型号不全等影响，机组效率低、能耗高，加之滹沱河泥沙量较大，机组磨蚀严重，效率逐年降低。对此，水电站成立了技术攻关小组，积极采用新技术、新材料、新设备对水轮发电机组进行更新改造，更换新转轮、修补导水叶、淘汰能耗高的机电设备，大幅度提高了机组效率和水量利用率，每次改造机组出力均提高10%左右。

（2）科学调度管理，做好支农惠农工作。水电站发电与附近群众用水时有冲突，水电站主动与周边各村委会和滹北灌渠管理处沟通协商，本着以民为先、民生为本、互利互惠的原则，优先保证农业灌溉用水、合理安排发电时间。将周边村庄农业分散灌溉调整为集中灌溉，不但大大缩短了灌溉周期、减少了水量损失，而且保证了水电站发电用水稳定。通过加强管理、科学调度，在保证农业灌溉用水的情况下，水电站每年多发电300多万kW·h，增加收入120余万元。

（3）实行绩效管理，调动职工积极性。每年年初制定生产计划时将发电量计划分解到每个班组，实行发电量绩效考核管理，将职工的收入与发电量挂钩，大大激发了职工工作热情，营造了人人关心生产、处处关心效益、心往一处想、劲儿往一处使的良好氛围。水电站重视职工素质培养和提高，每年利用枯水期举办两期培训，同时选派值长、班长参加省、市举办的培训班，不断提升职工素质和技术水平，保证了水电站安全可靠运行，水电站年均发量从建站初期 500 多万 kW·h 逐步提高到近几年的 1000 万 kW·h 左右。

（4）强化责任意识，确保安全高效。电站生产严格遵循"安全第一、预防为主、综合治理"的方针，成立了安全生产委员会，健全了安全生产网络；将安全生产责任落实到每个班组、每个岗位，全站上下逐级签订了安全生产责任书和承诺书；经常开展安全教育活动，定期组织安全业务知识培训和考核；建立并不断完善以"两票、三规、四制"为主要内容的安全生产管理制度；健全水电站设备管理台账，定期进行安全生产检查和隐患排查，保证了设备完好率在 98% 以上。自水电站投产发电以来，安全运行天数已达 6839 天、无一次违规操作、没有发生人身伤亡和设备较大事故，是水利部首批农村水电全生产管理标准化试点电站。

（5）树立绿色发展理念，追求和谐共赢。秘家会水电站在向社会输送清洁能源的同时，树立绿色发展、和谐发展理念。电站是引水径流式水电站，建设之初，引水渠道每隔一段距离建有方便农业灌溉的闸口，以方便就近引水浇地；拦河坝建有供溢流用的泄水凹槽，保证枯水期下泄一定的生态基流，以维护 3km 减水河段两岸用水和生态环境；水电站不断加强自身环境改善，建花园、修亭台，建文化墙、栽树种草，3 次获得"平山县花园式单位"称号；电站注重精神文明建设，上班统一穿工装，厂房、办公室、职工宿舍实行规范化管理；电站职工遵纪守法，无违纪违法现象，两次获得"平山县精神文明单位"称号。

三、主动回报社会，助力农村发展

秘家会水电站依靠科学管理，取得了良好的经济效益，自身发展壮大的同时主动回报社会、支持地方公益事业、促进农村经济发展。在平山县水务局，我们看到了这样的表扬信："平山县秘家会水电站，自 1991 年以来，为我村村民及全镇农民连续代缴农业税，国家取消农业税后，又改为全镇农民代缴医疗保险费用，使我们全村及全镇农民得到了实惠。秘家会电站还出资帮助我村硬化街道，改善学校的教学条件，帮助我村解决了部分村民吃水难的问题。为改善我村村民的生活条件、居住环境做出了很大的贡献。"这是一封来自郄家庄村村民委员会的感谢信，这样的感谢信、表扬信，平山县水务局还有许多，它们有的来自村民委员会、小学、小觉中学、小觉镇政府，有的是受过资助的个人和家庭。

1990—2003 年，秘家会水电站连续为小觉镇近 2 万农民代缴农业税，小觉镇农民相当于提前13 年享受了国家免除农业税的惠农政策。2003 年国家免除农业税

秘家会水电站厂区环境

后，秘家会水电站改为全镇农民缴纳农村合作医疗费用。农村合作医疗实行初期，群众认识不到位、心有疑虑、多数人持观望态度，致参加合作医疗的比率较低。小觉镇群众受益于秘家会水电站的资助，参加合作医疗比率100%，明显高于全县其他乡镇，农民在合作医疗上享受到的好处多于其他乡镇。郇家庄村村民封守财常年体弱多病，妻子是聋哑人，儿子也有生活障碍，全家没有正常的劳动力，生活相当困难。秘家会水电站不仅帮助其全家参加了普通合作医疗，还资助其全家参加大病合作医疗，单是封守财本人在小觉医院 50 多天的住院治疗费用，农村合作医疗就多报销了近两万多元，这对于长年与疾病抗争且生活贫困的他来说，可以说是一笔巨款。截至 2014 年，秘家会水电站仅为小觉真农民代缴农业税和资助农村合作医疗费用两项，就支出 1100 多万元，使小觉镇 41 个行政村(1987 年三乡合并)、1.9万多农民享受到了真真正正的实惠。

2011 年，秘家会水电站出资为小觉中学 60 多间学生宿舍配备了储物柜，规范了宿舍管理，使学生们能够"轻松安心"上课学习。2012 年，水电站为小觉中学 18间教室配备了饮水机，解决了 700 多名师生课间饮用自来水的问题。2013 年资助 1万元整理、硬化、美化、绿化校园 2400m²，让学校变成了四季常青、三季有花的花园。2014 年，为学校的微机室安装了空调柜机，解决了多年来夏天因为温度过高微机实验课被迫停课问题。

在美丽乡村建设中，水电站投资 15 万元，为小觉村环形公路安装了路灯；先后资助秘家会村、郊家庄村、三亮沟村等村庄硬化乡村街道 4.5km；资助 10 万元为秘家会村修建了村敬老院，让无依无靠的老人不出村就能享受国家养老待遇；资助 13 万元帮助秘家会村、郊家庄村、三亮沟村、南沟四村、王家岸村建设村文化活动中心和大型文化活动；资助郊家庄村 1 万元解决居住偏僻的群众饮水困难等，还有许多许多。

秘家会水电站依靠科学调度、严格管理、不断发展壮大自己，取得显著经济效益的同时，不忘当初地方政府和群众的支持，主动回报社会和群众，实实在在的支农、惠农行动，切实减轻了农民负担，使百姓得到了实惠，促进了地方经济发展，形成电站与周边村庄和睦相处、和谐发展的良好局面。

秘家会水电站，以自己 35 年的行动诠释了绿色发展与和谐共赢，升华了企业价值，谱写了一曲送光明、促发展的水电之歌，被当地群众誉为滹沱河畔的"金太阳"。

一个红色水电站的价值裂变

闫鹏飞 贾腾志

编者按：在红色革命圣地河北省平山县，有一座沕沕水水电站，它是新中国成立前，由朱德同志亲自剪彩启动闸门发电的水电站，被称为红色水电站。在抗战艰苦的岁月里，沕沕水水电站为解放军两座军械制造厂、新华社对外广播及党中央指挥三大战役提供了电源，照亮了新中国前进的方向。1975年，服役了近30年的沕沕水水电站宣告"离休"，并作为革命文物存留在那里。现在，越来越多的游客到来到这里，欣赏沕沕水美景的同时，也在深深地感受红色文化。沕沕水水电站已经逐步带动当地旅游综合开发一系列产业，在转型中继续发挥重要作用。

沕沕水水电站景区

　　它，点亮了西柏坡的第一盏电灯，为中共中央、毛主席指挥辽沈、淮海、平津三大战役，解放全中国立下了不朽的功勋。

　　它，融合周边得天独厚的山水资源，成长为国家AAAA级旅游景区，享誉燕赵。

　　它，历60余载风尘，虽水轮机不再轰鸣，电流不再传输，但依然青春永驻，造福一方，为当地山区群众致富提供动力和光明。

　　它就是被誉为"红色发电厂""边区创举"的沕沕水水力发电站。

　　这座由朱德总司令担纲修建的水电站于1947年6月动工兴建，1948年1月竣工投产，建成后承担起了周围兵工厂所需电力能源和党中央驻地西柏坡用电供应任务。现在，它以红色文化旅游资源这种形式，融合绿色山水文化、古迹历史文化、特色传统文化，在改革开放的洪流中实现了价值裂变，孕育出了沕沕水生态风景区，年收入逾4000万元，辐射周边，撑起山区群众的致富梦想。

一、开发保护并重，水电站变身红色旅游"明珠"

　　走进沕沕水，它给人的第一感觉就是惊艳，沕沕水正如它的名字处处水声"沕沕"。在这里听泉声、观飞瀑、淌谷溪、赏趵突、游泉华，置身于水的世界，让人倍感耳目一新，流连忘返。奇峰、峡谷、古刹、溶洞、溶泉、瀑布、龛棺、原始森林和观赏性植被，到处郁郁葱葱，沕沕水自明清以来便被列为"平山八大盛景之一"，而西柏坡时期最完整的红色遗址——朱德主持修建的新中国第一座水电站，更是以光辉历史见证者的身份，引得众多游人驻足缅怀。

　　而在10多年前，沕沕水水电站和周边瑰丽的美景却是一直"藏在深闺人未识"。

　　为什么要在沕沕水发展旅游业，沕沕水景区的缔造者苏军介绍："平山背靠太行山，有着得天独厚的旅游资源，是个永不枯

发电厂旧址

竭的金矿。我之所以选择在沕沕水开发旅游,除了它是我的家乡外,最主要的原因是这里有新中国第一个红色水电站——沕沕水水电站这个金字招牌。当时我就想,依托这一独有红色文化资源,再融合沕沕水奇特的山水旅游资源,把它建成一个红绿相间的景区,一定能够收到意想不到的效果。"

在县委、县政府的支持帮助下,经历了创业的艰辛,2003 年,以修复沕沕水水电站旧址和沕沕水水电站陈列馆为核心的沕沕水景区第一期工程如期完工。经过两年完善,在燕赵大地上,这个由红色水电站裂变诞生的红色生态风景区横空出世,借助方兴未艾的红色旅游,经过广泛的市场宣传运作,很快成为河北省内红色旅游的一颗璀璨明珠。在短短的十几年中,沕沕水景区的名字,传遍京、津、晋、冀、鲁、豫。

据统计,当年 5 月 1 日沕沕水景区开放,当年实现收入就达 300 万元。以后每年持续增加,如今该景区年收入已达 4000 万元。在开拓旅游市场的同时,沕沕水风景区逐步戴上了国家风景名胜区、国家水利风景区、中国最佳生态旅游景区等桂冠,真正实现了沕沕水水电站开发式保护,保护性开发的价值裂变。

二、多种文化交融,红色景区挺立旅游市场潮头

"红色旅游必须不断融入多元化旅游资源和文化因素,才能适应不断发展变化的旅游市场,赢得发展先机。"这是沕沕水创业者在坚守红色文化底蕴和追逐旅游市场风向中形成的独特视觉。

"一个景区发展得好,必然要有它的独到之处,沕沕水景区在发展过程中也曾遇到过诸多发展瓶颈,而能不断突破瓶颈发展到现在这样,这由小到大的过程本身就对平山甚至河北很多景区来说都具有借鉴意义。"沕沕水景区常务副总侯思明说,"要想在竞争激烈的旅游市场中杀出一条血路,必须要让这个景区有与别处不同且非常吸引人的地方。对于沕沕水景区来说,就是要把景区内核心的红色革命文化与绿色山水文化、古迹历史文化、特色民俗文化等最大限度地融合在一起,特别是要把社会主义核心价值观倡导的文化内涵运用市场的手段包装出利于全民参与的项目和活动,让游客在游玩中接受文化的熏陶和洗礼,这既是旅游市场的需要,也是旅

游价值的要求。"

沕沕水景区开创了"公众参与考古"的旅游先河。2004—2008年，沕沕水景区开发岩洞景点，在洞内发现大量动物骨骼化石，后经省市文物部门考察鉴定，这是一处距今约3万年前的旧石器时代晚期洞穴遗址，它填补了河北境内太行山东麓没有洞穴遗址的空白，填补了石家庄境内没有旧石器时代晚期文化遗址的空白，大大提升了沕沕水景区的影响力。但沕沕水景区没有作为"私物"卖票，而是与文物部门合作组织了公众参与考古挖掘的体验性旅游活动，一时景区爆满，名气大增。同时，该景区以"水帘洞遗址"为中心，建设了系列"先民生活场景"，这些场景与周围山水相辅相成，浑然一体，实现了远古文化与现代文化的相互交融，增加了景区的文化含金量。

此举为沕沕水开拓旅游市场提供了成功案例，以后每年沕沕水总会组织多种文化活动吸引游客广泛参与，做到年年有亮点，季季有特色，游客常来常新。许多

旧沕沕水水电站厂房全貌

旧沩沩水水电站厂房

旧沩沩水水电站厂房

旅行社都愿意组织游客参与这种新兴旅游活动,石家庄志远国际旅行社与沩沩水景区紧密合作,2015年已输送游客1000多人到沩沩水旅游、观光、度假。

沩沩水景区还开创了华北冬季旅游的先河。为了弥补冬季旅游空白,变淡季为旺季,沩沩水继续在"水"上做文章,景区利用天然的泉水打造出了北方最大的冰瀑群,投巨资增添了夜景项目,游客可以"昼观冰瀑、夜赏冰灯"。同时,景区紧跟时代脉搏,发掘民俗文化,提倡绿色健康运动。景区不断推出各式各样的民俗、健身活动。"沩沩水夕阳红旅游特惠月""沩沩水低碳骑行""书香文化艺术节"……,活动接二连三,四季不断,提高了景区知名度。

据侯思明介绍,目前该景区正在修建的全国最长的"百里空中画廊"已经完成20km,在2014年试营业期间游客如云;正在修建的皇安寺已初具规模。同时,还雕刻出世界整体最大的滴水观音摩崖石刻成为景区新亮点;引进了异国风情园……创新性的发展受到了全国各地游客的青睐。

"我已经不止一次来这里玩了,上次是来这里看冰瀑,这次带全家来看瀑布,休闲避暑,刚刚还去异国风情园看了看表演。"从山西来沩沩水旅游的张文刚先生说,"每次来这里都有新发现。"

春赏山花、夏看瀑布、秋观红叶、冬览冰瀑，现在的沕沕水已经成为河北省最火热旅游景区之一，年接待游客量近100万人次。据了解，待空中画廊、皇安寺等景点建成运营后，预计游客将飙升至每年200万人次。

三、辐射带动周边，开启山区群众共富"新引擎"

俗话说，靠山吃山，山里人世代以山为命。而要开发景区，就必须先租赁荒山。这不是要与村民争命吗？对旅游的价值前景并不太懂的村民们曾大力反对：利用荒山开景区，我们吃什么？景区建设初期，村民们也曾迷惑，有的甚至直接干扰阻挠。但如今摆在眼前的事实是，不仅让群众没有了疑惑，而且都主动加入到了沕沕水景区建设当中来。苏军说，"原因很简单，咱老百姓跟着沕沕水吃上了'旅游饭'"。

现在正值旅游旺季，走进沕沕水村一个农家旅馆，但见在这个农家院里停着10来辆外地来的小轿车，接待室前登记住宿的排了一个小长龙。"这几天俺这里天天

沕沕水水电站纪念碑

新电站厂房机组　　　　　　　　　　　新电站升压站

爆满，上年挣了 40 多万元，今年按这种劲头发展下去至少也得挣 50 来万元吧。"聊起农家乐的经营状况，主人安志勇高兴地说。

除了农家乐，为更好地吸引游客，农户们也纷纷在经营上各出奇招。沕沕水村的村民梁军平在景区东侧山坡种植了近百亩苹果、桃、大枣等果树，发展起了农业观光采摘，年收入近百万元。村民梁军平感慨道，"得感谢景区啊，要不是景区开发，哪有这么多的人来俺们这里玩啊，俺哪来这么多的收入啊！"。

据介绍，在沕沕水景区开发之前，沕沕水村 70 多户人家、300 多口村民，完全依靠山里刨食度日，买盐打醋交学费指望"鸡屁股"，全年人均收入不足 200 元，是平山有名的贫困村。景区开发以来，常年参加景区工程施工的达 60 多名，招录为景区职员的 50 多名，办起家庭旅馆 60 多户、土特产品营销点 30 多个。全村年家庭收入，平均每户高达 5 万多元。

不仅仅沕沕水村，景区附近的黄安村、狮子坪村、庄洼村、七里坪村等村，近年来，在沕沕水景区的引领下，依托旅游资源搞起了餐饮、住宿、观光采摘，发展起了农家乐，直接或间接受益的村民达 1000 多户。

为了让更多的村民从中受益，景区的工作人员尽量选用当地人，并不惜花大价钱聘请相关专家对他们进行岗前培训。景区还牵线搭桥，帮助当地 80% 以上的农户围绕旅游服务开了商店，办起了家庭旅馆。

　　按照沕沕水发展规划，再经过几年的发展，沕沕水景区将形成以沕沕水为龙头、清风为龙身、车辐安为龙尾的各具特色的旅游观光区。"将来要围绕旅游观光区的开发建设，成立集团公司，吸收当地农民为公司员工，量才录用，实行工资制、退休制。在集团公司还要成立林木、养殖、蔬菜、建筑、产品加工等专业公司，形成以旅游为主业，因地制宜地发展多种辅助性的经营活动，带动更多的农民致富。"说到这里，董事长苏军显得格外兴奋。

　　现在的沕沕水及周边，已从一个个贫穷落后的小山村转变成家喻户晓的旅游景区，当地老百姓的生活发生了翻天覆地的变化。这个红色水电站在产生价值裂变的过程中亦让山区群众从中受益，让他们"吃上红色饭，挣上旅游钱"，当年点亮新中国第一盏明灯的沕沕水小水电站，如今点亮的是一方山区群众的致富梦。

（作者单位：中共平山县委宣传部）

春景瀑布

不断流的东焦河水电站

王金枝

在山西省晋城市泽州县金村镇寺北庄，位于丹河干流上的东焦河水电站山水灵动，景色宜人，引得不少市民前来游玩。水电站办公室主任王国华指着库区的两道近200m长的大坝说，每当夏秋时节，丹河水涨，湖水将从大坝上游5个桥洞溢出，形成高约40多m的巨大瀑布，再通过大坝溢流保障下游河道的生产、生态用水，这项工程

东焦河水电站水库

使得水电站实现了全年不断流，走在了全国绿色小水电开发建设的前列。

东焦河水电站是2014年水利部绿色小水电典型试点。近年来，为了保障下游河道生产生活及生态用水，实现水电开发与环境保护的双赢，东焦河水电站因地制宜，创新发展，在库区下游建起了两道大坝，利用水位落差逐级延缓水流速度，营造出瀑布景观效应，并保障了库区全年不断流，得到了水利部专家的认可。他们认为东焦河大坝无节制泄流景观瀑布及坝后水面治理工程既维护了减水河段的生态平衡，又为当地的旅游景观增色添彩，这样既开发了水能资源，又改善了生态环境，在国内水电站鲜有，值得同行业学习和推广。

采访中记者也看到，东焦河水库下游不时有野鸭在水中嬉戏，还有市民在岸边

垂钓。王国华介绍说，水电站为保证下游良好的生态环境，坝后水流量常年控制在1.72m³/s，完全满足下游保持0.4m³/s左右的生态流量以维持水生生物生存环境，坝后下游河道已经成为水电站一道风景，河道内可见鱼类、螃蟹，以及各种水鸟等。水电站在改善水生态环境的同时，还在河道上修建了美丽的亭台、小桥及人工步道，与珏山风景区、青莲寺构成了一道靓丽的风景。目前，电站厂区、库区共种植各种树木花卉4万余株、草坪近万平方米，硬化面积2500m²，极大地改善了周围生态环境。

绿色水电追求的是生态文明和人水和谐。如今的东焦河水电站不仅是风景秀美的度假胜地，更科学地实现了以发电、供水为主，兼顾防洪、旅游、养殖为一体的综合性工程。数据显示，自2011年7月发电机组开始试运行以来，水电站已累计发电600余万kW·h；同时，每年向周边工业生产提供约300万m³工业用水，已累计向晋煤集团天溪煤制油项目供水1400万m³，使得丹河水经库区净化后实现了中水生态循环再利用。

据悉，山西省共有8座水电站被列为2014年水利部绿色小水电典型试点，其中晋城市的东焦河、杜河、拴驴泉、古石、佛圪嘴、东双脑、曲堤等7家水电站成功入选，总装机容量达41720kW，年发电量近1亿kW·h。

（作者单位：太行日报社）

东焦河电站拦河大坝

杜河水电站点亮山区群众新生活

王金枝

在山西省晋城市杜河水库，记者看到，库水清澈见底，两岸绿树成荫、山清水秀，一派江南风光。因为是星期天，到这里旅游的人非常多，他们有的划船、有的观景，怡然自得。当地一位农家乐老板说："以前这里虽然风光秀美，但却很少有人光顾。而出现当前的情景，皆因电站的建成。"

水电站修建前，这里交通不便，信息闭塞，生活条件很差，当地几个村的老百姓几乎已搬迁一空，把好好的耕地给撂了荒。直到水电站建成，这里才成为一块福地。

据水电站负责人介绍，杜河水电站共有 4 台发电机组，每组 3200kW，主体由拦河大坝、引水隧道和发电厂房组成，设计年发电量 6220 万 kW·h。拦河大坝是一座实体重力型引水大坝，总长 200 余 m，由非溢流坝体和溢流坝体组成，其中非溢流坝体长 50 余 m，设有发电引水闸、冲沙排淤闸和闸门启闭楼。整座大坝以 50 年一遇洪水标准设计，最大洪水排泄量为 4300m³/s，水库库容量为 2800 万 m³，水域面积 1755 亩。在雨季或汛期，湖水从溢流坝顶倾泻而出，可以形成 150m 宽的大瀑布，瀑布通过曲面坝体向外抛出 50 余 m，雪瀑飞泄，轰响如雷，十分壮观。目前，水电站年发电量 2000 万 kW·h，年创效益 500 多万元。

杜河水库建成后，形成回水近 9km，水面 3500 余亩，这让很多人看到了商机。阳城县投资 280 万元在库区修建了九女台旅游景点和码头，购置了游艇，搞起了旅游。泽州县修建了 12km 的进站公路，开发了李寨山水风情游，并在路旁修建了观景台，供游人远眺沁河"天下第一湾"的胜景。

电站在发电的同时还治理了水。杜河水电站充分发挥小水电分散调蓄、保持水土、发展灌溉、改善生态的综合功能，提高了区域防洪标准，改善了生态环境，缓解了山区农村饮水解困缺水又缺电的困境，而这又带动了当地旅游业的快速发展，许多农民靠发展农家乐、卖农副产品致了富。

（作者单位：太行日报社）

山西晋城小水电蕴藏大能量

王金枝

山西省晋城市沁河、丹河两大河流水能资源理论储量 26 万 kW，可开发利用量为 19 万 kW，实际开发 7.2 万 kW，占可开发量的 38%。如何因势利导，让小水电造福一方百姓？

一、总装机容量居全省之首

全市小水电实现了从没有骨干工程到建成装机达 1.75 万 kW 的龙头水电站、从径流水电站到具有调节功能的骨干水电站、从只有低压配电线路到建成电压等级达 35kV 的输变电工程的跨越，总装机容量达 7.2 万 kW，位居全省各地市之首。

10 年前的东焦河荒山秃岭，无人问津。10 年后的东焦河山水灵动，植被繁茂，与珏山景区、青莲寺景区相映成趣，成了市民休闲娱乐的好去处。

拴驴泉水电站景区猕猴群

这一切要从东焦河水电站说起。

东焦河水电站位于丹河干流，是以发电为主，兼顾旅游、供水、防洪的综合性水利水电工程。2015年5月19日上午，记者在东焦河水电站发电车间看到，3台500kW的水力发电机正在轰轰隆隆的运转，而后台操作则是全程电脑控制。

经理赵建伟说，水电站遵循的是水资源的三级开发和多次利用原理，上游库区的水流经过输水管道推动水轮机机组高速旋转，水轮机带动发动机形成电力后，通过变压器把电能输送到泵站，这是水资源的一次利用；泵站再通过水泵将发过电的水，输送到工业企业，产生经济效益，这是水资源的二次利用；又因为水电站实施生态治理为周边景区增添了生机和灵气，由此带来的旅游效应，可以看成是水资源的第三次利用。东焦河水电站是山西省自动化程度最高、环境最优美的水电站，也

是我市发展小水电，建设农村水电电气化的典型之一。

自1957年11月晋城市第一座水电站在沁水县樊庄开工建设以来，小水电产业先后经历了用木制水轮机组发电到铁制水轮机组发电，从没有骨干工程到建成装机达1.75万kW的龙头水电站，从径流水电站到具有调节功能的骨干水电站，从只有低压配电线路到建成电压等级达35kV的输变电工程，从依靠国家投资到股份制开发小水电的发展历程，实现了从无到有，由小变大，由弱到强的跨越发展。

特别是20世纪90年代以来，晋城市把发展小水电，建设农村水电电气化作为发展水利产业的支柱来培育，作为加强农村基础设施、巩固退耕还林成果、改善生态环境、增加农民收入的战略目标实施，先后建成了沁水、泽州、阳城、陵川4个水电电气化县和拴驴泉、杜河、古石、佛

拴驴泉水电站库区

圪嘴、东焦河等骨干水电站。目前,全市共建成小水电站59个,总装机容量达7.2万kW,位居山西省各地市之首。这些小水电站,似点点繁星,照耀着太行山区农民的幸福生活。

二、解决山区农民吃水用电难题

4个水电自供区供电面积达3100余 km^2,占全市国土总面积的1/3,供电区人口22万人;解决了37万山区群众吃水困难,增加灌溉面积8万亩。

农村小水电主要是指装机容量5万kW及以下的水电站。晋城市37万人口严重缺水,大都分布在山庄窝铺,缺水又缺电。通过发展水电电气化,既有效解决了提水工程的电源问题,又改善了山区农民的生产和生活条件,加快了山区脱贫致富的步伐。

拴驴泉水电站位于晋豫两省泽州、阳城、济源三县市交汇处,处于沁河干流山西境内最末端，是泽州县水电农村电气化骨干的电源工程，该工程设计水头57m，设计流量32m³/s，装机2×8750kW，年发电量5000万kW·h，是一座低坝引水式水电站。工程以发电为主，近区供泽州县山河镇住户7000余户，负荷1200kW；供河南济源5个村镇工农业用电1500余户，负荷为3000kW。工程还兼顾灌溉、旅游、养殖等，工程为河南济源送水灌溉30万亩及50万人畜吃水。以水电站为主成立的国家AAAA级景区山里泉，在周边旅游享有盛誉，同时以电站为依托的旅游、养殖、灌溉等事业，正在以日新月异的速度迅猛发展。

从1990—2013年的23年间，晋城市水电装机容量由2.23万kW发展到7.2万kW，增长了近3倍；年均发电量由0.15亿kW·h提高到1.5亿kW·h，增长了10倍。全市4个水电自供区供电面积达3100余km²，占晋城市国土总面积的1/3，供电人口22万人，占晋城市总人口的1/10。同时，减轻了农民经济负担。燃煤发电，平均每年每户燃用2.5t，合计约800元。而以小水电为炊取暖，平均每年每户用电1800kW·h，合450元。与燃柴相比，如果每户农民年砍柴用工50个，每工以10元的低价计算，亦可节约50元。

20多年来，晋城市通过农村水电及电气化县的建设，新增水库库容6500万m³，解决了37万山区群众吃水困难，增加灌溉面积8万亩，治理水土流失1400hm²，发

拴驴泉水电站

拴驴泉水电站中央控制室

展以电代柴1.2万户，年节约木材18万m³，建成一批具有调节能力的龙头水电站和配套水电网，实现了流域、梯级综合开发，提高了水资源的综合效率，初步形成了"以水发电，以电养水"的良性循环。

三、为山区农村发展注入新活力

小水电全年发电1.5亿kW·h，可节约标煤6000万kg，减排碳粉尘4050万kg、二氧化碳1.49亿kg等。同时，促进了旅游业发展，农民走上了致富路。

建电站同时治理了水，治水又发展了水电站。晋城市充分发挥小水电分散调蓄、保持水土、发展灌溉、改善生态、兴利除害的综合功能，有效促进了水利事业的全面发展，为山区农村的发展注入了活力。

杜河水电站年发电量2000万kW·h，年创效益500多万元。杜河水库建成后，形成回水近9km，水面3500余亩，很多人围绕它做起了生意，发了财：阳城县投资280万元在库区修建了九女仙湖旅游景点和码头，购置了游艇，搞起了旅游；泽州县铺设了通往杜河水电站的公路，开发了李寨山水风情游，并在路旁修建了观景台，供游人远眺沁河"天下第一湾"的胜景。杜河水电站促进了当地旅游业发展，一改昔日周边村庄交通不便、土地撂荒的旧面貌，农民搞起了"农家乐"，出售农副产品，走上了致富路。

水电站厂房

东焦河水电站通过河道治理建设，先后完成了大坝下游至青莲寺河道1.5km干砌石护岸、青莲寺桥回水、沿河文化长廊、上游右岸码头和4个码头的硬化等工程，绿化草坪面积达8037m²，栽种各类植物400余株，并在大坝下游修建了景观瀑布、仿木拱桥等，使下游形成了约3万m²的水面。一道道水帘与一排排绿树相映成趣，游客驻足观赏，彰显了小水电的绿色效应。

水电是清洁、环保、绿色的能源，平均每发电 1kW·h，水电就比火电节约了 0.4kg 标准煤，同时，减排 0.27kg 碳粉尘、0.997kg 二氧化碳、0.03kg 二氧化硫和 0.015kg 氮氧化物。以 2013 年为例，全市小水电全年发电 1.5 亿 kW·h，粗略估算，共节约标煤 6000 万 kg，减排碳粉尘 4050 万 kg、二氧化碳 1.49 亿 kg、二氧化硫 450 万 kg、氮氧化物 225 万 kg。可以说，小水电在改善生态、节能减排方面发挥着重要作用。

市水务局水电办主任张水法介绍，"十二五"期间，我市将继续围绕电气化县建设和增效扩容项目实施，以骨干电源工程为重点，投资新建总装机容量 890kW 的泽州县三姑泉二级站，并对拴驴泉、北留水轮泵、韩王、石室等 4 座水电站进行增效扩容改造；在全市水电站开展"农村小水电站标准化建设""绿色小水电典型培育"活动，加快对泽州、陵川、阳城、沁水等 4 个水电直供片区的升级改造，为促进山区经济发展和农民致富进一步奠定基础。

（作者单位：太行日报社）

桓仁县小水电代燃料实现"三赢"

夏海霞

东方红水电站管理局

走进东方红水电站，一股现代化的气息迎面而来：花园式的厂区就像是一个小型公园，整洁、清新，一座两层的特色小楼是水电站办公楼，掩映在茵茵绿树之间。水电站厂房外墙古朴、素净，厂房内空旷、洁净，两台灯泡式灌流水轮发电机在地下有条不紊地运转，这是辽宁省的一座小水电代燃料水电站——东方红水电站。通过中央补助投资建设小水电，低价供电给当地农民，让农民用电做饭，放弃砍树烧柴，在保护生态环境的同时，也使雅河朝鲜族自治乡 5819 户农户感受到了"以水点灯"带来的便利和实惠。

一、小水电代燃料呵护绿水青山

东方红水电站位于辽宁省桓仁满族自治县。桓仁县坐落于辽宁东北边陲、长白山南麓，县内峰峦叠嶂、江河纵横，绵延的浑江穿城而过，水能资源十分丰富。县内八山一水一分田的自然概貌，造就了这里独特而优良的生态环境。多年来，桓仁县大力加强生态建设，依托当地优势资源，以保护辽宁省水源地和建设国家级生态县为契机，大力推进"青山、绿水、蓝天"工程，使得全县森林覆盖率达到78.4%。如今，桓仁县已成为世界文化遗产地、中国旅游强县、中国绿色名县和国家级生态示范区。

绿色生态是桓仁县得天独厚的优势，也是像保护眼睛一样倍加呵护的资源。大力发展农村水电，实施农村水电电气化县建设和小水电代燃料生态保护工程，是桓仁县打造绿色能源产业的一大举措。1954年，辽宁省第一座农村水电站雅河水电站在桓仁县建成。经过"七五"至"十二五"30多年的水电电气化建设，桓仁县农村水电建设取得了辉煌成就，目前已建和在建的农村水电站有32座，装机容量21万kW，水能资源开发率达到67%，是辽宁省农村水电第一大县。据统计，桓仁县农村水电年均实际发电量约为6亿kW·h，相当于每年节约20多万t标煤，减排二氧化碳50多万t。桓仁县"十三五"农村水电发展规划将新增装机容量8.8万kW，新增发电量2.23亿kW·h。农村水电建设为桓仁的绿色生态做出了重要贡献，而小水电代燃料生态保护工程也正以自己独特的方式呵护着这一方青山绿水。

东方红水电站是桓仁县唯一一座小水电代燃料电站，水电站代燃料装机容量6000kW，代燃料项目区覆盖了整个雅河乡的5819户村民。雅河乡是少数民族乡，同时也是桓仁县旅游景点的核心区，"北国第一洞"望天洞和"东北第一漂"大雅河漂流两个国家级景区就坐落于此。通过小水电代燃料项目建设，当地的农民在核定电量内的价格下降了0.15元/（kW·h），同时免费发给农户电炊具，鼓励他们用电炒菜做饭。在水电站管理处，我们看到了水电站与用户签订的《小水电代燃料供用电协议书》，协议中规定，村民在享受低价电的同时，必须履行减少薪柴消耗量、不上山砍柴、保护生态环境等义务。在项目区弯弯川村，村民王玉华告诉我们，现在村里家家户户都用电做饭、炒菜，又快又省力，还省钱，1个月电费只要四五十元钱，谁还去山上砍柴呀！在项目区农户和电站的共同努力下，该代燃料项目可保护森林植被面积10万亩，减少大量二氧化碳和二氧化硫的排放，空气更洁净了，生态环境更好了。

二、小水电代燃料让农户受惠受益

"这项工程不仅保护了生态环境，更重要的，它让农户得到了实实在在的实惠，为我党赢得了民心。"东方红水电站股份有限公司董事长、共产党员庄伟这样评价小水电代燃料项目。的确，惠民也是东方红水电站小水电代燃料项目的核心要义。

雅河乡地处浑江沿岸，5个村的上万亩农田需要从江中提水灌溉，往年都是各村各家自己想办法解决。2013年，在县水务局的支持下，东方红水电站先后在浑江两岸建设了两处提水泵站，每年的5—9月，无偿为两岸1万多亩农田进行提水灌溉。在雅河乡董船营村我们看到，正是水稻插秧时节，汩汩的浑江水正从提灌站两台大功率的泵站中奔涌而出，为稻田解渴。

采访中，我们了解到，由于地质原因，董船营村3组的168户居民多年来一直守着浑江没水吃，人畜饮水困难。在水务局的支持下，电站投入了30多万元，打了一口深水井，修建了储水池，安装了过滤设备，铺设了自来水管网，一举

东方红水电站厂房

东方红水电站取水口

解决了全村 260 多人的人畜饮水困难。他们还为村组修建了永久性洗菜池和垃圾箱，每周定期清理垃圾；安装了 11 盏太阳能路灯，方便村民夜间出行和开展业余文化生活，大大改善了村民的生活条件。通水那天，村委会代表大伙给水电站送来了锦旗"吃水不忘打井人"，表达他们的感激之情。

在电站管理处，庄伟董事长给我们出示了自 2009 年开始实行代燃料以来电站给各用电户返还现金的明细账，5819 户农民的年用电量、应返还钱款、领款签字等明细在表中一一列出，补助高达 180 元，水电站每年的补助总额接近 100 万元。水电站还把价值 120 多万元的 5800 多套电饭锅和电炒锅免费发放给项目区农户，更换他们的炊具，提高代燃料电量的使用效率。负责发放弯弯川村代燃料补助款和炊具的村委会委员韩兴文告诉我们，村民们拿到补助款和炊具时，总会由衷地说上一声"谢谢"！2014 年，东方红小水电代燃料项目被桓仁县水务局推选参加省里绩效评价办公室的检查，得到了辽宁省有关部门的高度评价，被誉为实实在在的老百姓受益项目。

三、小水电代燃料使企业焕发生机活力

东方红水电站始建于 1970 年，1973 年并网发电，装机容量 2750kW，由 11 台单站装机容量 250kW 的水轮发电机组成，经过 30 多年的运行，老化失修严重。

2011年，在国家小水电代燃料项目的支持下，电站实施了扩建工程，至2013年，新增单机容量3000kW的机组两台，实现总装机容量8750kW，年均发电量3500万kW·h，销售收入突破1100万元，企业由此焕发生机，步入规范化、标准化的快车道。

一分耕耘就有一分收获。在开展代燃料项目建设过程中，水电站深切感受到了来自受益区群众的支持和回报。建设期间，当地的农民为水电站的施工提供了诸多的便利，对施工给村民生产生活带来的影响给予了更多的理解和配合，就连参与施工的辽工局技术人员都深有感触，为当地村民的支持和配合树起了大拇指。

作为一家股份制的民营企业，东方红水电站有限公司有健全的党支部和基层工会委员会，公司设专职党支部书记，他们的一名员工刚刚从北京载誉归来，获得了2015年"全国劳动模范"光荣称号，这在桓仁县是不多见的。在水电站采访时，笔者随处感受到的是公司规范的工作流程和员工严谨的工作态度。水电站改扩建之初，公司按照省里要求，开展了水电站安全生产标准化建设，通过摸底自查，认真整改，进一步健全组织机构，完善规章制度，签订安全目标责任书，明确隐患排查机制，完善基础设施设备，加强职工教育和培训，使电站的安全标准化和管理的规范化得到了极大提升，为企业的不断发展、做大做强奠定了坚实基础。

代燃料项目区管理手册和用户证

辽宁省水利厅农村水电及电气化发展中心主任周林蕨认为，桓仁县小水电代燃料项目的实施实现了"三赢"：当地的生态环境得到了保护，项目区农户得到了实实在在的收益，实施项目的企业增添了发展的动力，激发了企业的活力。

（作者单位：水利部水电局）

"小水电代燃料" 让长白的天更蓝、水更绿

长白朝鲜族自治县水利局

2015年的春天比起往年似乎来得晚了一些，但是却不乏往年春天的娇媚与清新。这不，冰凌花刚刚凋谢，大地开始泛绿，杨柳开始吐翠，映山红又红遍了山冈。

4月11—12日长白朝鲜族自治县摄影家协会、登山协会以及长白县十三道沟、十四道沟的许多老百姓纷纷来到鸭绿江河畔，目睹了20多年不见的成批的候鸟在此筑巢安家。一些人纷纷拿出摄像机、摄影机拍个不停，一些人面带喜悦，交头接耳，七嘴八舌说个不停。大型候鸟苍鹭、中型候鸟鸳鸯、绿头鸭、斑嘴鸭以及春燕似乎相约好了，在最近十几天内遍布了鸭绿江上游的长白朝鲜族自治县257km流域内。这几天正是候鸟们在迁徙过程中群居的日子，再过不久便会成双成对地分散在长白的沟沟汊汊里。这里面的候鸟当属绿头鸭与鸭绿江最为亲密，鸭绿江历史上的名称曾称为马訾水、灸水。到了距今1000多年前的唐代，才始称鸭绿江。据唐朝著名史学家杜佑撰写的《通典》记载：由于鸭绿江发源处和上游的江水清澈碧绿像绿头鸭头上的羽毛，所以称为鸭绿江。

可是像文章开头描述的情景却在近20多年间并不是这个样子，鸭绿江源头以及上游的候鸟种群迅速减少，成批的候鸟更是罕见，难怪当地许多年轻人还没有亲眼看到过苍鹭、野鸭和鸳鸯。要知道长白山区历史上以土地肥沃、物种储库和物产丰富著称于世，当地曾有句俗语"棒打狍子瓢舀鱼，野鸡飞进饭锅里"，意思是说，长白山区飞禽走兽及鱼类非常多，特别是飞禽。

19世纪末，随着晚清王朝对长白山的解禁，山东移民和来自朝鲜北部的灾民相继来到鸭绿江左岸安家落户，那时的老百姓筑建的房屋以"霸王圈"为主，就是把

砍伐下来的原木当做建筑材料，墙面主体用原木跺起来，屋脊、房梁、椽子、门窗和烟囱都是清一色的原木及板方材，十几个棒劳力只需 1 天时间便可以盖起一栋房屋；老百姓烧的、用的唯一燃料自然也是木材。因为茂密的森林是取之不尽用之不竭的资源，老百姓安顿下来后，便开始伐树垦荒。多垦荒、多种地、多产粮在那个年代才是硬道理。据当地史料记载，在 1908—1945 年间，日本帝国主义在长白山区掠夺式的砍伐，每年砍伐量就达到几十万立方米。再加上当地老百姓无节制地伐树、垦荒种地，原本被誉称为长白林海的地方，在长白县百年的历史上竟然开垦土地达到 14926hm^2，沿江地带出现了严重的水土流失现象。长白的地形地貌多为沟谷，每到降水集中的雨季，便开始出现山体滑坡和洪灾，且有愈演愈烈的趋势。在 30 年前，鸭绿江沿岸人民由于生产生活的需要，尤其是随着社会工业化的大力发展，在长白县境内很难再找到纯粹的原始森林。

生态平衡遭到了严重破坏，人与自然的和谐面临着严峻挑战。当人类开始意识到征服大自然、掠夺大自然和破坏大自然的同时，大自然也会反过来惩罚人类、教训人类。这便有了国家制定的封山育林政策，实施"三北"防护林工程、天然林保护工程和退耕还林工程等。

但是，几千年来刀耕火种的传统习惯，尤其是长白人引以为自豪的能就地取材和人们赖以生存的生活方式，在短时间内还难以改变，这便成了一时间摆在每个人面前的难题。

改革春风吹满园，长白林海换新颜。是"小水电代燃料"项目彻底解决了长白人的难题，成为当地老百姓保护大自然、达到又清洁又安逸的生产生活方式和新农村建设的最好出路。

长白朝鲜族自治县早在 20 世纪 80 年代中期就以小水电建设闻名全国。长白县重峦叠嶂，沟壑纵横，降水丰沛，水能资源极为丰富，超过 10km 的河流多达 27 条，全县水能资源理论蕴藏量高达 20.3 万 kW，可开发利用水能 16.3 万 kW，为长白朝鲜族自治县发展水电事业提供了得天独厚的资源条件。2014 年末，全县已建成农村水电站 33 处，装机总容量 6.84 万 kW，年发电总量达 2 亿多 kW·h，本县内销售电量 9474 万 kW·h，其余电量向国家电网和朝鲜民主主义共和国输送。以上条件为"小水电代燃料项目"的实施奠定了雄厚的基础。

长白山十五道沟珍珠帘瀑布游览区

村房整洁、生态良好的马度沟镇代燃料项目区

2006 年，在水利部、吉林省水利厅大力支持和精心指导下，长白朝鲜族自治县小水电代燃料项目正式开始启动。

2008 年，长白县用了仅仅两年的时间便建成双山三级代燃料水电站工程和马鹿沟镇小水电代燃料扩大试点项目区。代燃料水电站装机容量 4000kW，实现代燃料户 3773 户。项目区运营儿年来，社会、生态、经济效益取得明显效果。代燃料户年均用电量从实施前 360kW·h 增加到 822kW·h，每年减少薪柴消耗 1.2 万 m^3，减少二氧化碳排放量 4.4 万 t，有效保护项目区森林植被面积 6 万亩，户均节约燃料支出费用 600 多元，得到代燃料户广泛称赞，社会反响强烈。

2009 年，为进一步发挥小水电代燃料项目的作用，水利部提出在全国建设"小水电代燃料示范县"。长白县在马鹿沟镇扩大试点项目区成功实施的基础上，又开始建设富民、宝泉一级、双山五级和泥粒河水库水电站小水电代燃料项目，使长白县实现全县小水电代燃料覆盖，力争用 5 年时间使长白县率先成为全国第一批"小水电代燃料示范县"。

一、"以电代燃"项目的实施，最大限度地保护了生态环境

富民小水电代燃料项目区为长白县十四道沟镇和十二道沟镇部分区域，项目区南北长 36km，东西宽 46km，总面积 548km^2，耕地面积 952hm^2，林地面积 29777hm^2，荒地面积 34hm^2，森林覆盖率 68%，是长白朝鲜族自治县人口较集中、多种经营经济规模较大的两个乡镇。

项目区实施前，大部分农户常年以薪柴作为四季生活燃料，户均年生活用薪柴 7m^3，项目区年需生活用柴量达 2 万 m^3，是 2005 年全县原木采伐量的 20%，全项目

退耕还林区

区相当于每年人为破坏林地2000多亩。项目实施后，退耕还林10720亩，天然林保护面积24120亩，重点治理水土流失面积8040亩。年减少烧材1.9万 m^3，减少项目区人为砍伐破坏林地4750亩。

二、"以电代燃"项目的实施，极大地促进了社会主义新农村建设

宝泉一级水电站代燃料项目区为长白县新房子镇、八道沟镇、宝泉山镇、十二道沟镇四个镇，项目区位于长白朝鲜族自治县西部。项目区行政区域面积1108km²，耕地面积1584hm²，林地面积99921hm²，森林覆盖率77%，是长白朝鲜族自治县人口最集中、工农业生产经济规模最大的区域。

项目区实施后，以代燃料建设为切入点，统筹规划，整合资源，不仅每年保护了林地5000多亩，而且带动改造厨、厕、圈、水、路等。几年下来，项目区改厨3560个，改厕3160个，改圈2678个，改路132km，改水6处，解决了1600多户农民吃水难的问题，增加蔬菜大棚和水田灌溉面积970多亩。目前供配电网改造、用户线路改造已完毕，农民用上了廉价清洁能源，改变了农民的生活方式，改掉过

改造后的农户厨房

去的陈规陋习，彻底改变了农村千百年来脏、乱的生活环境，取而代之的是文明、卫生、健康向上的生活。农民们不再乱扔垃圾，畜禽不再在村屯散养，小巷变得清洁干净，农村人居环境和农村面貌发生显著变化，农村居民健康水平和生活质量得到了提高，加快了社会主义新农村建设的步伐。

三、"以电代燃"项目的实施，老百姓真正得到了更多的实惠

项目区实施以电代燃后，将农村居民从繁重的砍柴、运煤和做饭等劳动中解脱出来，解放了农村大量劳动力，实现了劳动力转移，更多的农民腾出时间出外打工或从事加工业、养殖业、餐饮业、家庭旅店等多种经营。据估算，小水电代燃料实施后，全县解放被砍柴束缚的劳动力4600多人，占全县农村总人口的12%，占农村劳动力的34.5%，减少砍柴及运煤工日3万多个，增加其他劳务工日5万多个。全县农村每年人均增加收入1800元左右。另外，在代燃料电站建设和电网完善改造过程中，农民投工投劳，解决了农村富余劳动力的就业问题，全县农户在项目实施阶段直接增收数百万元。

十四道沟镇望天鹅新村农民王晓军算了一笔他家的经济账。2008年，他家年用电量360kW·h，电费支出189元，其他年生活燃料费（薪柴、液化气、煤等）支出1050元。2009年，实施以电代燃后，他家年用电量1200kW·h，电费支出384元，其他年生活燃料费（薪柴、液化气、煤等）支出450元。两年相比较，第二年少支出了405元。

四、"以电代燃"项目的实施，使长白旅游业得以迅速发展

在环保意识日益深入人心的现在，长白人比以往任何时候都更加注意环境保护

和改善环境质量。长白县不仅以其奇特的自然风光，更因为其环境优美而成为旅游胜地。

"以电代燃"项目的实施，极大地了改善了长白的生态环境，生态旅游已经成为全县旅游的金字招牌。2008年，县委县政府不失时机地提出"全面实施生态旅游兴县战略，努力培育旅游希望产业，把长白打造、包装成为吉林省乃至东北地区旅游强县"的战略目标。目前，长白朝鲜族自治县旅游业发展总体定位是以生态旅游为核心，以民族风俗和跨国风情为重要特色，充分依托长白山、鸭绿江、望天鹅三大优势品牌，构成了"环山、沿江、跨国"旅游的总体框架和"春踏绿青、夏观天池、秋赏红叶、冬游冰雪"的四季景观及"双火山、鸭绿江、异国游"为主体的三大旅游特色，形成集"边境风貌、民俗风情、原始风景、异国风光"于一体的旅游网络。以旅游风景区和旅游企业为主导的旅游业已经推广到各乡镇和村屯，尤其是望天鹅新村和果园朝鲜族民俗村最具代表性。"以电代燃"项目实施后，村容村貌改变了，生产生活方式改变了，农村增加了许多剩余劳动力。人们看清了旅游业这个项目，紧紧依托沿边、沿江、环山的自然优势和区位优势，积极开发建设集餐饮、旅游休闲、农家乐采摘园为一体的多功能山庄、饭店，成为游人热衷的好去处。

2014年，全县境内旅游人次和旅游综合收入分别达到65万人次和3.7亿元。旅游业已经成为了长白新兴的支柱产业。2009年被评为最值得向世界推介的50个"中国最美的小城"，2010年被授予"中国最佳民族生态旅游名县"，2011年被授予"全国文明县"，2012年被授予"中国最具海外影响力明星县"，2014年被评为"全国最具文化（遗产）旅游目的地"等荣誉称号。"以电代燃"项目工程的实施成为了旅游业兴起的引擎和动力，真是牵一发而动全身。

代燃料项目区标识

　　环境决定人的生存质量。人类进入工业文明以后，对大自然的改造和利用程度不断提高，但对生态环境也造成了较大的破坏。实施小水电代燃料保护生态示范工程，促进了流域综合治理和水土流失治理，巩固了退耕还林成果，有效保护了森林植被，形成了"以林涵水、以水发电、以电护林"的良性循环，更加促进了水能资源的可持续利用，改善水生态环境，维护河流健康生命，促进人与水和谐发展。

　　长白朝鲜族自治县小水电代燃料项目于 2006 年启动，截至 2014 年年末，共建设 5 个小水电代燃料项目，总装机容量 1.667 万 kW，项目相继投产发电。解决全县代燃料户数 15803 户（占农业户数的 91%），代燃料人口 36727 人。据测算分析，一个幅员面积 2497km^2、人口为 8.4 万人小水电代燃料生态示范县建成实施后，可减少木材消耗量 8.18 万 m^3，减少二氧化碳排放量 11.88 万 t，保护植被面积 25 万 hm^2，吸收二氧化碳量 15 万 t，释放氧气量 13.3 万 t，可保护全县森林植被面积 25 万亩，森林覆盖率由八年前的 82% 提高到目前的 94%。

　　不经风雨，哪得见彩虹。现在的长白朝鲜族自治县天变得更蓝，水变得更绿。

攻坚克难 谱写水电建设新篇章

——东宁县小水电建设发展调研

陈大勇 张玉卓

秀美东宁

东宁县位于黑龙江省最东南端,与俄罗斯仅一江之隔,全县面积7139km²,人口21万人,素有"塞北小江南"之美誉。当地人习惯用"九山半水半分田"来形容这里的特征。全县森林覆盖率达87.1%,黑木耳产销量占全国1/4以上。年平均降雨量550mm,境内163条大小河流均属绥芬河流域,水能资源技术可开发量13.5万kW。绥芬河属独立水系,发源于长白山,在俄罗斯海参崴附近注入日本海。绥芬河流域共规划8级水电站,目前,全县共建成5座小水电站,装机容量3.9万kW;在建小水电站1座,装机容量1.5万kW。当地政府将水电开发作为资源立县的支柱产业,水电开发也为边陲小县的蓬勃发展注入了生机与活力。

一、保护母亲河,水电建设完成几代人夙愿

东宁人具有大兴水利建设的光荣传统,20世纪70年代,东宁县被授予全国"大寨县"。90年代,东宁县高度重视绥芬河流域水电开发,将其纳入县委、县政府重要工作日程。

由于20世纪80年代前毁林开荒,水土流失严重,绥芬河自1998年冬季经常出现断流、干涸现象,县城50%以上区域出现严重缺水现象,每遇汛情,则泥沙俱下,河水浑浊。2012年春节期间,县城发生停水,只好在河道内挖坑取水。为了改善绥芬河流域生态状况,县委县政府从2003年开始了"拯救母亲河"绥芬河流域生态治理工程,确定了"建设东升水电站,以发电为主,增加财政收入,有效解决城区居民饮水问题,提高绥芬河下游的防洪、灌溉能力,

东升水电站开工

东升水电站 2014 年 7 月 31 日大坝主体工程封顶

带动旅游、养殖等产业发展"的战略思路，加大招商引资力度，争取到各级有关部门的大力支持，终于促成了东升水电站的开发。

2011 年 6 月 9 日，水电站正式开工建设，2014 年 8 月 31 日水库正式下闸蓄水，2015 年 4 月 25 日，水电站开始投产发电。东宁人实现了多年来在绥芬河干流建设一座中型水库的夙愿，为东宁经济发展、人民安居乐业提供了基本保证。

二、高质量服务，全力为水电建设保驾护航

2008 年年末，大唐黑龙江发电有限公司领导到东宁考察热电联产项目，县委主

东升水电站大坝

要负责同志不失时机地推介东宁水力资源优势和水电开发设想。随后，县委县政府组成专业招商小分队，多次到大唐公司总部协调对接。在可研预期效益并不看好的情况下，东宁县委县政府主要领导和部门负责人又数次赴大唐接洽磋商，表示进一步提供最优惠政策以降低建设成本。通过拿真心，用真情，反复公关，融洽联系，真诚感动之下，终于促成了大唐公司的同意。大唐黑龙江公司作出"如东升水电站亏损，由黑龙江公司以其他项目赢利抵付"的承诺。2009年年初，正式签约建设东升水电站。历经几多曲折，终于招商成功，实现了东宁农村水电开发的历史性突破，开创了大唐投资龙江水电的先河。在项目刚启动时，县政府就将原政府2000多 m²办公楼，无偿提供给大唐公司作为办公场所。

为加快东升水电站建设，东宁县连续多年将绥芬河流域梯级电站开发列为全县的"一号工程"。成立了县委书记挂帅的东宁县绥芬河流域水电梯级开发建设管理领导小组，抽调有工作经验的同志组建了绥芬河流域水电梯级开发办公室，优先保

障经费，专职专责推进。工商、财政等部门，在最短的时间内，为企业在当地注册成立了项目法人单位，设立了单独账户，确保了工程得以如期开工。从各部门抽调20多名精兵强将，分工负责征林、征地、移民安置等工作，保障了项目建设顺利推进。

为加大政策资金的扶持力度，将东升水电站申请列入国家"十二五"水电新农村电气化县建设项目，截至2015年6月，已争取到各级财政补助资金4900万元。县政府出台优惠政策，将耕地占用税和工程建设期税金地方留成部分，采取"先征后返"的方式，支持7000多万元，用于水电站基础设施建设。在林业局职工工资都开不出来的情况下，减免县林业局应收取的2300多万元征林费用。县政府投入500多万元，对土地回填、道路、桥涵建设和电力扩容等给予资金补贴。仅这几项优惠政策，就为电站建设解决资金约1亿元。县里还主动协调省物价部门，为东升水电站争取到了0.455元/（kW·h）的电价，为近年来全省水电最高，为提升东升水电站运营效益提供了有力保障。

为保证项目的顺利实施，县委主要负责同志亲自挂帅，相关负责人长期驻扎省城做工作，1年数十次到相关部门协调办理前期手续。县政府主动承担征林征地和移民动迁工作，水电站13个要件核准工作，在不到1年的时间里就全部完成，实现了当年规划、当年设计、当年立项、当年审批，创龙江水电"速度"之最。在年均施工期只有220天的东北地区，历时仅3年零10个月，东升水电站实现从开工建设到建成投产。

三、水电站建成，经济社会生态效益齐增长

东升水电综合开发，是一项系统的工程，集发电、防洪、灌溉、城市供水于一体，并综合发展生态旅游、观光农业、水产养殖等多项产业，既充分利用了当地的各种

东升水电站 2014 年 7 月 16 日首台机组转子吊装

自然资源，更改善了东宁城乡的生态环境和居民的生活条件，其经济效益、社会效益和生态效益及对东宁经济社会的健康可持续发展的促进作用已充分体现。

（1）带动了旅游、水产养殖等产业的发展。东升水库库区处于洞庭峡谷省级地质公园中，水库蓄水后，原本秀美神奇的自然风光更增添了无限的魅力。整个库区依据不同条件划分为水源地重点保护区、水上观光游览区、湖心岛生态农业体验区、坝下亲水游乐区、右岸避暑休闲区和左岸餐饮娱乐区。目前，旅游企业投资购置了天然气动力观光船、实木画廊电瓶船、皮筏汽艇等环保型水上游览交通工具，办理了河道航运手续；在水库沿岸建设了乡村旅游服务中心；洞庭小火车水库景区观光一日游已经开通。同时，还大力发展水产养殖、休闲农业和食用菌栽培等多种产业项目，真正实现综合开发。

（2）城市基础设施建设上了一个新台阶。东升水库作为水源地后，供水量得到了保障，水变清了，水质也提高了。目前输水管线的铺设工作已近尾声，县城居民年底前可喝上通过电站引水洞引出的优质水。水库建成后，使下游农田灌溉保证率从75%提高到90%以上。同时，大大提升了绥芬河干流防洪能力。

东宁热电厂是东宁的纳税大户，也是最大的城区供热企业，过去由于绥芬河这个唯一的水源经常出现冬季断流"枯水"现象，企业生产受到严重影响，不仅经济效益遭受损失，居民供暖也难以保障。东升水库建成后，水源充沛，东宁热电厂不仅实现全部机组满负荷运转，还进行了扩建扩能，居民供热得到保障。

（3）改善了"母亲河"的水环境。过去由于河水流量不均和经常出现"枯水"，导致水中氮、氨、磷等污染物在低流量时比率严重超标。现在由于东升水库蓄放有序，河水流量均匀，加上为保护水源而采取的一系列措施，水中污染物相对含量大幅减少，优良的水环境使当地特产滩头鱼、大麻哈鱼等洄游鱼类大量溯河而上，同时吸引了大量野生水禽纷纷落户东宁境内的绥芬河畔。过去由于绥芬河枯水期的水质污染严重超标，俄罗斯政府多次通过中俄两国照会向中方提出抗议。随着河流生态的改变，俄罗斯人也改变了对东宁不良生态环境状况的印象，进而改变对东宁人的看法，更加愿意与东宁人进行多领域的交流与合作。

东宁水电开发建设一定程度上改变了黑龙江省能源生产和供应结构，使清洁能源占全省能源的比重有所增加，从而相对减少了因其他能源生产带来的环境污染，促进了生态环境的改善。

四、"十三五"目标，整县推进小水电代燃料

东宁县地处我国北方，冬季漫长而严寒。全县呈现"九山半水半分田"格局，农村居民砍柴十分方便，至今农村居民还以木材为主要生活燃料，消耗了大量的林木资源。随着人口的增加和生活水平的提高，农村居民对燃料的需求量急剧增加，森林再生的速度不及采伐速度，导致生态资源严重失衡，水土流失，滑坡、泥石流、旱涝灾害频繁，农村生态环境、生产生活条件日趋恶化。2003年，东宁县制定了"退耕还林，插柳护岸，侵蚀沟治理，禁牧圈养"四大生态保护措施，开始大规模实施退耕还林，水土流失治理和天然林保护工程，取得了一定成效，但并没从根本上解

决农村生活燃料问题。2006年，东宁县老黑山水电站被列为小水电代燃料扩大试点项目建设范围，解决了1200多户，4000多人口的生活燃料问题。东宁县委县政府从试点中得到启发，审时度势，决定在全县实施小水电代燃料工程，让东宁人久违的那幅"有山皆绿，有水皆清，兽走森林，鸟翔长空，万物和谐生长"原始生态画卷在东宁大地上重新舒展。

　　为实现全县推进的宏伟目标，东宁县出台了《东宁县保障落实小水电代燃料示范县建设优惠政策》。成立了专项领导小组，山县长任组长，各相关部门主要领导任组员。制定了《小水电代燃料示范县建设实施方案》，根据此方案，除巩固现有

东升水电站厂房

的老黑山项目外，扎实做好在建的罗家店水电站和"十三五"规划新建的五排水电站2个项目。罗家店水电站总装机容量1.5万kW，目前，拦河坝工程已完成85%，到2015年年底土建工程完成90%，计划于2016年9月投产发电。五排水电站设计装机容量2.52万kW，前期工作正在有序进行，力争在"十三五"期间建成投产。届时全县3.9万户，农村人口12.7万人将全部用上安全、清洁的代燃料电。

为实现这美好的规划愿景，东宁人没有停下前进的脚步，他们决心继续出发，攻坚克难，谱写水电建设的新篇章。

（作者单位：水利部水电局）

增效扩容助推黑河水电新发展

陈大勇　张玉卓

哈拉台河水库冬季试车场

西沟水库

　　黑河位于黑龙江省西北部，小兴安岭北麓，素有"北国明珠"和"欧亚之窗"之称，以黑龙江主航道中心为界，与俄罗斯远东地区第三大城市布拉戈维申斯克市隔江相望，最近距离750m，是东西方文化的融汇点。全市总面积5.4万km²，人口173万人，有汉、满、回、蒙古、鄂伦春、达斡尔等31个民族。境内水资源有黑龙江和嫩江两大水系，人均水资源量7000多m³，全市农村水能资源技术可开发量47.8万kW，现建成农村水电站11座，总装机容量14万kW。

　　黑河市处于我国领土的最北端，属高寒地区，受自然条件限制，水电站经济指标差，水电站年利用2000h左右，加上电价偏低，水电站自我更新能力不足。笔者通过走访发现，增效扩容改造给水电站带来的效益十分明显。西沟水电站装机容量

3.6 万 kW，增效扩容改造后，装机容量 4.2 万 kW，年增发电量近 3000 万 kW·h，增幅达 33.6%，总投资 6392 万元，其中企业自筹仅 1592 万元，增加 6000kW 装机，对企业来说真是费省效宏。象山水电站装机容量 1.8（3×0.6）万 kW，年发电量 2941 万 kW·h，增效扩容改造后的机组出力较未改造机组出力高 15%。2015 年全市还将完成 4 座农村水电站增效扩容改造，预计新增装机 0.8 万 kW，新增年发电量 4082 万 kW·h。

黑河市瑷珲区原本是一座古城。这里记录着中国近代历史耻辱的一页。1858 年的中俄《瑷珲条约》和 1860 年的中俄《北京条约》将中国 100 多万 km² 的领土划归俄国，黑龙江也因此成为了两国界河，河对岸曾发生了江东 64 屯惨案。如今这里已经发展成为美丽的边陲小城。水电开发为瑷珲的社会经济发展带来了巨大贡献，曾被列为全国"十五""十一五"电气化县。

西沟水电站位于黑河市瑷珲区境内公别拉河中游，距西岗子镇 15km，1991 年投产发电。水电站的建设有效缓解了黑河市电力供应短缺的局面，增加了当地的财政收入。水电站实行 3 座水库联合调度运行，提高了水资源的利用效率。在企业发展的同时，水电站还对周边村屯和驻军开展新农村建设帮建工作和拥军拥政爱民活动。2011 年投资 30 万元为西沟村建成了两个面积分别为 1200m² 和 1400m² 的村民文化活动广场，安装篮球架、健身器材、铁栅栏，村内道路两旁铺设彩砖，改善了村内环境，丰富了村内的文化生活，活动广场成了每天村民跳广场舞的活动场所。2013 年投资 60 多万元为西沟村修建 3.5km 混凝土路面，为梁集屯村修建 3.6km 排水沟、安装 LED 路灯 70 盏。水电站建成后，解决了 3 个乡镇 14 个村屯，30 万亩耕地的防洪问题，以前洪水来了要靠敲钟通知村民撤离，现在水库建成了，不仅解决了防洪问题，还对周边小气候有所改善，无霜期延长，周边土地可耕种大豆。西沟村是达斡尔族聚居村、省级生态示范村，据村党支部书记姬贵存介绍，当年他在西岗子镇读书，骑

富地营子水库启闭塔

西沟水库溢洪道

自行车要通过 2km 的土路，一遇下雨天就要家人把自行车抬到 2km 以外的公路上，现在电站把路修好了，"人抬车""车骑人"也成为历史了。水电站还为部队投入 30 余万元，支持部队建设，先后荣获全国拥军模范单位、省军警民共建共育先进集体标兵、省拥军优属先进单位、省"爱心献功臣"行动新进单位等荣誉称号。同时，先后投入数 10 万元帮助多名下岗职工脱贫致富，为贫困灾区捐款 10 万余元。通过增效扩容改造，水电站有效降低了自供电村屯电价，自行承担各类损耗，促进附近村屯以电代燃，巩固了退耕还林成果，保护和修复了山区自然环境。

多年来，水电站在环境保护、生态建设和农村经济社会的可持续发展中发挥了重要作用。把水能资源转化为经济发展优势，富裕不忘帮扶周边村屯发展基础设施建设，促进农村消除贫困，改善农民生产生活条件，提高用电水平，改善村屯生态环境，促进边境地区经济发展、民族团结和社会和谐稳定，实现经济效益和社会效益双赢。

（作者单位：水利部水电局）

西沟水电站主场区

温州农村水电标准化建设如火如荼

谢根能　张　敏　郑盈盈

在浙江省温州市永嘉金溪水电站，花园式的厂区整洁干净，值班人员统一着装，墙上悬挂着工作人员亮相牌和岗位责任制度，脚下是标识清晰的巡视线路。

在浙江，像金溪电站这样的标准化农村水电站还有很多。2014年，浙江省在全国率先开展农村水电站安全生产标准化创建活动，一批安全、高效、创新、和谐、美丽的农村水电站

桥墩水电站

新形象不断涌现，目前已累计完成安全生产标准化达标创建和评级水电站122座。浙江掀起农村水电站标准化建设热潮，走出了一条安全生产新路子。

一、在困境中思考——加强农村水电安全生产管理势在必行

农村小水电曾经是浙江省山区县市的支柱产业，是山区人民增收致富的"夜明珠"。全省3300余座农村水电站，总装机容量400万kW，每年提供120亿kW·h绿色、清洁可再生能源，相当于每年节约300万t标准煤，减排700万t二氧化碳，为保护碧水蓝天做出了重要贡献。

然而，经过长期运行，农村小水电的安全生产基础条件变得越来越脆弱。很多水电站存在电力设备设施年久失修、引水渠道破败、压力管道老化、厂房及附属设

施防洪标准偏低等问题。另外，安全生产投入不足，运行管理人员文化素质较低等因素，也严重威胁着生产安全和防汛安全。

尽管"十二五"以来，浙江省通过中央增效扩容项目、省级"千站改造惠农保安"工程等项目实施，更新改造了一大批老旧水电站，安全生产基础条件得到了显著改善，但仍然存在部分企业重经济效益、轻安全管理的问题，农村水电安全生产形势依然严峻。

2011年国务院安委会出台了《关于深入开展企业安全生产标准化建设的指导意见》，推动企业开展安全生产标准化建设工作；2013年，水利部印发了《农村水电站安全生产标准化达标评级实施办法》，要求农村水电站开展安全生产标准化创建。借着全面加强农村水电安全生产管理的契机，浙江省启动标准化创建工作。

二、在标杆中破题——温州率先实施"五型电站"标准化建设

标准化做什么？怎么做？如何才能整体推进？敢为人先的温州人，用1年多的时间回答了这些问题。

温州市是浙江省的水电大市，农村水电站点多、面广、量大，仅运行超25年的就达1/4，安全生产形势严峻。温州水利人认识到，整个水电行业发展态势发生根本性变化，农村水电亟须从大规模开发建设转入强化行业管理阶段，安全生产监管成为水电行业管理的重点工作。

2012年7月，温州市水利局深入实地调研，年底制定印发了《温州市农村水电站标准化创建实施办法（试行）》，从组织管理、安全管理、运行维护、文明生产四方面提出安全生产管理具体内容和评分标准。2013年3月，温州市根据农村水电站规模、管理特点、所有制形式等，选定了靛青山水电站等6个试点创建电站。随后，温州市又提出安全型、高效型、创新型、和谐型、秀美型的"五型电站"的全新概念，把单纯的安全生产标准化提升到水电企业管理标准化层面。

2013年6月，第一座标准化水电站——文成县靛青山水电站通过验收，标准化样板电站基本确立。

2013年8月，温州在试点水电站基础上，完成了标准化创建制度和台账汇编，

探索出一套可用于推广的创建经验。建立了农村水电站标准化管理系统，以方框图的形式分解标准化管理的每个细节，形成拥有 155 个节点的系统图。通过系统管理完善水电站运行每个人、每个环节的工作标准，实现安全监管"全覆盖、无死角、制度化"。

"要不惜一切代价，达到水利部农村水电站安全生产标准，争创全国一流电站。"

靛青山水电站

温州永电集团董事长王建华说，"以前并没有过多地考虑水电站标准化问题，这次部里、省里、市里这么重视，我们当然要建成一流的标准化水电站。下一步还将发扬光大电站文化，建成科普文化教育基地，提升水电站的文化品位。"

目前，温州市管辖 25 座农村水电站已基本完成标准化达标，"五型电站"的创建已取得阶段性成效。

金溪水电站全景

白水漈水电站发电机厂房

三、在创建中引领——电站标准化建设掀起热潮

试点先行，示范引领。温州的成功实践，为全省标准化创建与达标工作开启航标。

2013年12月，浙江省水利厅在温州试点以及全省调查研究的基础上，与浙江省安监局联合出台《浙江省农村水电站安全生产标准化达标评级实施办法》。2014年1月6日，《浙江省农村水电站安全生产标准化创建与首次达标评级工作实施方案》下发。此后，《浙江省农村水电站安全生产标准化创建指导手册》《浙江省农村水电站安全生产标准化创建制度汇编》《关于开展农村水电站安全生产标准化创建试点工作的通知》相继出台，标准化建设不断推进。

2014年4月29日，浙江召开全省农村水电站安全生产标准化创建与达标评级视频会议，全省试点工作全面铺开。

浙江明确了全省试点工作的路线图：从2014年开始，用3年时间完成总装机容量1000kW以上的758座水电站的安全生产标准化建设。第一阶段为全省试点阶段，2014年完成不少于 100 座水电站的试点建设；第二阶段为推开阶段，到 2016 年年底前完成其余水电站的标准化建设。

经过标准化创建，水电站的自动化水平大大提高，安全水平显著提升，工作环境也明显改善。温州市白水电站的值班长杜玉真告诉记者："以前电站运行许多操作都是手动，现在全是自动化，在计算机上监视、操作，既安全又省力。每个岗位要做什么、怎么做、责任是什么，都很清楚，工作起来轻松多了，收入也有所增加。"

四、在标准中规范——谱写规范化管理新篇章

安全生产管理中，人的行为因素极为重要。"让行为合乎标准，让标准成为习惯。"这是景宁英川水电站挂出的一条红色横幅。

浙江省水电管理中心主任葛捍东说，在这次标准化创建活动中，浙江注重倡导全员参与，通过编制进度分析表，分解标准化创建任务，把责任落实到人，切实增强每个人的安全生产意识，提高安全生产工作水平。

通过达标评级的标准化电站，不仅要求设备设施安全、管理制度齐全、厂容厂貌秀美，更要求人员岗位职责掌握、制度执行、台账数据分析处理等形成标准化流程。在这次农村水电站标准化达标建设中，浙江并不追求"快而全"，而是试点带动，逐步推开，力求县县有标杆，学比赶超中推进；先 1000kW 以上，再 1000kW 以下，逐级推进，逐步提高整体水平。

浙江省水利厅要求各地水行

金溪水电站厂区

政主管部门主动与政府相关部门沟通，适时开展多部门联合督查工作，督促水电站对照评审标准和指导手册要求，落实各项工作措施，深入开展自检自查，并充分发挥当地农村水电行业协会和水电集团公司力量，组织专家定期进行指导，帮助水电站解决创建技术难题。同时，要求各地水行政主管部门把农村水电安全生产标准化达标评级完成情况纳入部门考核。浙江省水利厅还把达标工作完成情况作为年度财政资金安排比例、地方考核和大禹杯评选的重要依据，形成农村水电站达标评级的奖罚机制。

一场农村水电站安全管理标准化建设活动正在浙江大地如火如荼地展开。浙江省水利厅副厅长杨炯深说："以前在国外以及电力等部门看到的水电站，现在我们水利部门也有了！"一座座标准化农村水电站，如同山川明珠镶嵌在浙江大地上，为平安浙江、绿色浙江、美丽浙江增添光彩。

（作者单位：中国水利报社）

安徽休宁县小水电代燃料　富了农民　美了山川

王立武

　　村里人做饭、取暖都要上山砍柴，整个屋子烟熏火燎。现在有了小水电，屋子干净了，而且用电还省钱，每度电才 0.39 元，一个月下来也就十几块钱。皖南休宁县溪口镇冰潭村村民陈月提起小水电代燃料工程带来的实惠，满脸透出幸福与自豪。

休宁县项目区生态环境

　　自 2003 年起，水利部在全国组织开展小水电代燃料试点和扩大试点建设，通过"以林涵水、以水发电、以电护林"的方式，达到保护生态，促进山区经济的发展。

　　休宁县是全国"小水电代燃料"扩大试点县之一。休宁县水电公司财务部经理朱积善介绍，小水电代燃料项目区的溪口镇冰潭、碜溪、杭溪等村的 1282 户村民，从 2009 年起用上了低价的代燃料电；小水电代燃料项目用电近 5300 多户，得以从传统的砍柴、烧炭劳作中解放出来从事其他工作，人均年增收入 480 余元。

　　冰潭村民吴玉良的厨房墙和地面都干干净净，电磁炉、电饭锅、电水壶、冰箱、空调一应俱全。灶台还贴上了白瓷砖，满屋不见一根柴火。

　　吴玉良拿出 2012 年 9 月的电费缴费单向记者介绍说，8 月用电 102kW·h，其中 10kW·h 按照普通电价 0.56 元/（kW·h）计价，另 92kW·h 按代燃料电计价，

休宁县小水电代燃料用户协会章程

代燃料维修服务点

1 kW·h 只缴 0.39 元，当月享受代燃料电电价优惠 15.67 元。

说起小水电代燃料项目，冰潭村村民吴玉寿体会更深。吴玉寿一家 5 口过去一年要烧掉 3 万斤柴火，一年中单是砍柴、烧炭要耗掉 1 个月时间。吴玉寿说："小水电代燃料项目彻底改变了我们的生活方式。电价低，我们可以像城里人一样，夏天用空调，冬天用取暖器。卫生间安装了电热水器，可以像城里人一样一年四季享受淋浴。"

溪口镇是跨皖浙两省的新安江的源头。记者采访沿途所见山着墨绿，水漾碧波，游鱼潜底，仿佛一道美丽的山水画廊。

冰潭村党支部书记朱镇善说，过去，村民烧柴把树砍光了，地也不肥了，一下暴雨就发山洪。如今，村里已经没有人上山砍柴，山上的树木得到很好的保护。仅 3 年多时间，生态环境明显变好。经环保部门检测，新安江源头水质目前已达到可直接饮用的标准。

资料显示，我国农村每年仅生活用能一项烧掉的木柴达 900 多万 m³。按照水利部《2009—2015 年全国小水电代燃料工程规划》，到 2015 年，全国将通过实施小水电代燃料工程解决 170.78 万户、677.71 万农村居民的生活燃料和农村能源，保护森林面积 2390 万亩，每年可减少和吸收二氧化碳 3400 多万 t。

（作者单位：新华社）

小水电"点亮"山区幸福路

王 恺

一、放下柴斧，告别烟熏火燎，让山区生活亮起来

7月中旬的岳西，群山绿意葱茏，走进项目示范区水畈村，虽是晚饭时分，却不见炊烟袅袅。指着门前架起的电力线路，村副主任张先南乐呵呵地解释："乡亲们如今用电做饭，很少烧柴火了。"

水畈村属于安徽省最大的代燃料项目——岳西桃李小水电代燃料项目区，该项目区2014年1月通过竣工验收。小水电代燃料项目，能够让农民使用便宜的小水电做饭取暖，取代烧柴和烧煤。

桃李代燃料水电站运行站长沈年诞说，项目区覆盖菖蒲镇、五河镇的8个行政村均为水土保持重点治理区。代燃料到户电价由0.5653元/（kW·h）下降为0.38元/（kW·h），每年可减轻5539户农民电费支出123.2万元。"实行小水电代燃料项目后，代燃料户每年约可少烧柴2.77万t。减少煤炭消耗量6545t，减少秸秆消耗量580t，减少有害气体及污染物排放量2.97万t，生态效益很显著。"

"自从用上了低价的代燃料电，用电做饭，比烧柴还省，谁还愿意再去砍柴？"岳西县菖蒲镇水畈村大塘组的王学明说，"如今，煮饭不用柴，吃水不用抬，走路不脏鞋，生活亮起来了。"

岳西县的实践，是安徽省正实施的小水电代燃料生态保护工程的一个缩影。小水电代燃料这一集生态、经济和社会效益于一身的新发展模式，正在悄然改变山区以往烟熏火燎的生产和生活方式。

二、小水电替代烧柴，让农村劳动力腾出时间忙致富

提起小水电代燃料工程带来的实惠，大塘村民组的王学明给记者算了一笔账，他家 4 口人，改用小水电代燃料后，每年享受 1200kW·h 的低价电。2014 年 6 月用电 146kW·h，其中 100kW·h 享受 0.38 元 /（kW·h）的低价代燃料电费，共计交电费 63.57 元，这就便宜了 19 元，比城市居民用电价格还便宜。

安徽省水电有限责任公司总工程师魏青说，小水电代燃料生态保护工程"政府扶持、企业运作、农民参与、低价供电、保护生态、改善生活"，从源头上解决了砍树烧柴破坏生态的问题。

"改造前只有一条 30km 的老旧输电线路，电压只有 130 ~ 140V，还经常停电。

2012 年底经过改造，由单一 10kV 供电改为 6 条 10kV 线路同时向农户供电，供电保证率达到 99% 以上。"白帽供电所副所长程崇靖说。

"小水电照亮山村致富路，这话一点不夸张。"返乡创业者张春祥说，用电问题一直是农民致富的"拦路虎"，以前村里的碾米厂、茶厂都因缺电没法运转。

安徽水电岳西有限责任公司总经理孟宪廷给记者算了一笔账：桃李小水电代燃料项目区在实施前，按照一个 4 口之家的农户每年砍柴耗工 60 ～ 100 工日计算，5539 户代燃料户以小水电代燃料，可节省约 40 万工日左右。农民腾出时间可做些副业增加收入，按保守量每工日 100 元计算，户均能增加收入 7220 元，而代燃料电费支出仅为 489.35 元，人均纯收入增加 2000 元左右。

三、"以林蓄水，以水发电，以电护林"，实现可持续发展

农民放下了砍柴的斧头，森林得到有效保护，小水电代燃料项目区走上了"以林蓄水，以水发电，以电护林"的良性发展道路。护林员张跃武对此变化感受最深切，他说："过去村里人做饭、取暖都要上山砍柴，山坡都被剃光了，一遇暴雨就发山洪。"

"小水电是世界公认的清洁可再生绿色能源。具有就地开发、就近供电的成本优势，被誉为山区'小太阳'"。省水利水电基本建设管理局水电处处长杨有枝介绍，小水电合理开发不仅增加了农民收入，还带动了农村基础设施建设，改善了农民的生产生活条件和村风村容村貌。据国务院西部开发办资料，解决 4 口之家的生活用能，可保护 3 ～ 4 亩森林免遭砍伐，按 4 年轮伐期计算，可保护森林 12 ～ 16 亩。

"安徽省小水电代燃料生态保护工程在巩固退耕还林、天然林保护和生态环境保护等方面发挥了很大作用。"安徽省水利水电基本建设管理局副局长傅云光介绍说，自 2006 年开展小水电代燃料扩大试点以来，安徽省共开工建设 17 个项目，代燃料总装机 2.902 万 kW。项目全部建成后可解决 28447 户、10.26 万农村居民的生活燃料问题。目前，已建成休宁县五明、金寨县牛山河等 5 个扩大试点项目，3 个项目的代燃料水电站已建成发电，近 6 万农村居民享受代燃料优惠电价。9 个正在建设的项目预计明年底建成。

（作者单位：安徽日报社）

小水电"探花"福建如何生态转变

傅玥雯

福建地处东南沿海，水能资源丰富，技术可开发量1356万kW，居华东之首。福建开发水能历史悠久，是著名小水电之乡和农村电气化县建设的重要策源地之一，被誉为全国小水电摇篮。

2014年年底，福建省全省水电总装机容量1274.24万kW，平均发电量400亿kW·h。其中，小水电站（装机容量5万kW及以下）6608座，总装机容量734万kW，占水电总装机的56%，小水电装机在全国居于第三位，多年平均发电量约为220亿kW·h，农村水电发展为当地社会经济发展和节能减排作出重要贡献。

一、近3年改造后装机扩容18%

福建小水电数量多、分布广，以微小水电站为主。全省6608座农村水电站中，500kW以下的占4215座，100kW以下的有879多座，以日调节为主。另外，老旧水电站多，1995年以前建成的水电站有1851座，占28%。2000年以前建成投产的电站2856座，占43%。设施设备老化，存在安全隐患。

"福建的小水电开发程度高，已开发的水电资源约占可开发量的近85%，早期水电规划和开发利用未考虑下游生态用水需求，造成一些河道减水脱流，一定程度影响河道生态。"福建省水利厅阮伏水在"全国水电'十三五'规划研讨会"上介绍。另外，和不少地区相同，小水电上网电价总体偏低、企业普遍经营困难，一定程度上影响设施设备的更新和维护。

"小水电开发必须从片面强调水能资源充分利用到合理利用和注重综合效益统筹转变"。结合福建省正在开展的"万里安全生态水系建设"，按照水能资源合理利用和河道生态要求，明确提升、整合、限制和退役的类型和标准，以提高效率和消除安全隐患为重点，推动和支持一批老水电站增效扩容改造；以流域规划为导向，引导一批设施设备老化、资源利用效率低下、布局不合理的水电站进行资源整合；对环境有较大影响的水电站，限制其运行，或落实最低下泄流量，保证河流健康；针对严重影响生态环境、用水矛盾突出的水电站以及报废水电站、闲置水电站，引导其加速退役，让河流舒筋活血。

据福建省水利厅介绍，在中央农村水电增效扩容工程背景下，2013—2015年全省共有280座老旧水电站得到全面改造，改造完成后装机容量将达到79万kW，比改造前增加18%。2016—2018年，还将计划实施446座水电站增效扩容改造，改造后总装机容量104万kW，比改造前增加21.9%。

2015年，福建省还以长汀、永春为水电站退役试点，实施了小水电退出试点工作。

"以长汀为例，一部分电站用'限'，如涂坊河的石门水电站（装机155kW）

实行限制运行，在枯水期一律不准发电，水量直接回归河。一部分电站采取'转'，如调整上游龙头库溪源水库（总装机为1320kW）的运行方式，由发电运行转为生态运行，增设生态机组，通过创新机制，提高上网电价，保证河道生态流量。一部分采用'退'，以长引水，低水头为重点，汀江干流上游8座水电站，涂坊河的3座水电站，共11座水电站（总装机2120kW）实行全退出。全退出的水电站一律不发电且机电部分需全部拆除，注销水电站工商营业执照，电网解列，具有灌溉任务的渠道交由乡（镇）村按照水利设施要求进行管理。"阮伏水介绍。

据调查，长汀水电站试点退出后可恢复生态河道共33.8km，可以改善河道生态、美化环境，使灌溉、防洪等功能得到统筹兼顾。

二、建立生态电价等长效机制推动绿色水电站建设

此外，2009年，福建省政府要求重点流域水电站必须严格执行最小生态下泄流量。目前全省重点流域已完成了96多座水电站下泄流量在线监控装置安装工作。部分水电站最小生态下泄流量制度落实较好，河道生态得到改良。

"水电站落实生态下泄流量总体执行情况不容乐观。由于电价没有重新核定，业主单独承担社会生态成本，水电站落实生态下泄流量难度大。"阮伏水介绍，"应建立生态电价机制——设定生态电价，将水电站因生态下泄流量减少的发电量纳入生态成本。根据其新的发电量和改造成本，重新确定其上网电价，让为水生态做贡献的水电站得到应有补偿，实现河道不断流。"

在改造过程中，对于那些不符合流域规划，且改造难度大，不得不退出的小水电站，又应如何处置？阮伏水建议政府要制定清理与补助计划，拨出一块专项资金用于关停水电站的合理补助，

鼓励水电站业主自愿逐步退出。

"此外，还应确定水能资源开发使用权年限。按照 2005 年福建省政府制定的《水能资源开发利用管理暂行规定》，明确有偿出让的水能资源开发使用权为 50 年。对于绝大多数没有有偿出让的已建水电站，需综合考虑如何确定其使用权年限。在水能资源立法中应明确水能资源使用年限、权属、出让、转让、抵押和退出的机制等，促进水能资源依法管理。"阮伏水进一步说。

（作者单位：中国能源报社）

水电人的传承与创新
——福建省永春县小水电建设发展调查

陈大勇　张玉卓

　　永春古称桃源。地处福建省东南部，历史悠久，人文荟萃，风景秀丽，生态良好，有"山水桃源，四季永春"之说。北宋文学家蔡襄用"万紫千红花不谢，冬暖夏凉四序春"赞美永春四季之秀。永春县隶属于泉州市管辖，全县面积 1468km²，人口 56 万人，属福建晋江上游，多年平均年降雨量 1740mm，水能资源可开发量 16 万 kW。目前全县有水电站 220 座，装机容量 11.4 万 kW，年发电量 4 亿 kW·h。

　　通过永春调研，笔者深深地体会到，永春小水电的发展历程，引领了中国小水电发展的方向，在传承、发展、改革、创新中，永春人正积极探索新的水电发展之路。

一、自力更生——开拓水电农村电气化发展之路

　　（1）这里是中国农村小水电的发祥地。"千浔瀑布如飞练，一簇人烟似画图。"朱熹的诗篇生动勾画出永春群山叠翠、河流纵横的景象。永春人以自己的聪明才智较早地开始开发利用当地水能资源。1930 年建成了永春县第一座水力发电站，装机容量只有 5kW，开辟了永春农村水电建设的先河。1956 年，国家水利部在永春县举办南方 8 省小水电技术培训班，学员 150 多人。1959 年，永春县在北京展出"农村办电大放光明"的展览，国家主席刘少奇亲临参观。1960 年，全国小水电建设会议先后在浙江金华和福建永春召开。1966 年 6 月，《人民日报》以"永春县农村普遍建起水电站"为题专题报道。永春的小水电建设逐渐影响到全国。

　　（2）"永春是全国小水电的一面红旗"。到 1969 年，永春县已经建成水电站

127 座，装机容量达 4137kW。12 月 20 日，《人民日报》头版刊载了新华社记者文章"自力更生办电，福建省永春县大办山区小型电站的调查。"同年 9 月，水利电力部模型厂制作的永春农村小水电建设模型在国务院展出，周恩来总理观看展出后称赞："永春是全国小水电的一面红旗"。次年 6 月，在"全国电力工业增产节约展览会"上再次展出时，周恩来总理说："南方各省可以大搞小水电，像永春那样，要大力宣传。"邓颖超说："很好，全国都像永春这样就不得了。"

（3）全国农村电气化县建设在这里决策。到 1979 年，永春全县小水电装机容量超过 2 万 kW。1980 年，在全国小水电工作会议期间，时任水利电力部部长钱正英同志与永春县长苏中亚握手时说："永春对小水电发展做出很好的贡献，很感谢永春县委。"1981 年，时任水利电力部副部长李伯宁来永春调研，即兴题诗"永春四季春，初访处处新。水电遍地花，颗颗闪金星。二次现场会，全国有名声。一好带百好，全面大促进……三次群英会，都来学永春。"1982 年 11 月，胡耀邦总书记来永春视察，先后视察了卿园、马跳一级、溪夏三座小水电站，亲自主持召开"中

如画永春

桃溪流域东平镇太山村

国式农村电气化座谈会"，会上决定全国搞 100 个农村电气化试点县，从此开启了全国农村水电电气化县建设之路。

二、真抓实干——重监管保安全惠民生

（1）理顺职能，加强行业管理。由于历史原因，福建省农村水电行业管理职能曾经划归到省经贸委，直至 2013 年《福建省人民政府关于进一步规范水电资源开发管理的意见》出台，才明确装机容量 5 万 kW 及以下水电站行业管理职能划归省水利厅，省内各县（市）的行业管理职能也正处于逐步回归的过程之中。泉州市还没有完全回归，而永春县水利局则一直没有失去管理职能，机构、职能、人员保持不变。正是这支业务精、作风硬、能吃苦的水电管理队伍，用他们的执著和奉献，守护着永春水电事业的健康发展。

（2）增效扩容，老旧电站焕发新活力。目前，全县建于 1990 年以前的水电站有 65 座，占总数的 29.5%，建于 2000 年以前的电站有 144 座，

桃溪流域东平段白鹤广场

占电站总数的65.5%。这些小电站大部分为乡村集体电站,规模小、技术落后、设备陈旧、厂房简陋、机组效率与水能利用率低,基本接近或已达到使用年限,不能适应安全生产需要,亟待更新改造或报废重建。2013年,永春县对湖洋、横口、溪夏、五一、五二等5个项目进行增效扩容改造。改造后装机容量12360kW,增加了1030kW,年发电量提高至3847.8万kW·h,增加了848.97万kW·h。下一步,全县又有13座水电站列入增效扩容改造计划,准备2016年开始实施。溪夏水电站是1982年11月3日胡耀邦总书记曾经视察过的水电站,于1975年1月动工兴建,1978年1月建成发电,装机容量为1830kW。经过30多年的运行,水电站设备严重老化。3台水轮机出力不足,发电机绝缘老化,温度过高,出力不足;高、低压

开关柜及配电装置已属国家淘汰产品，性能差动作不灵活。改造后，3台机组同时运行最高出力约2260kW，单机运行最高出力可达1000kW；机组综合平均效率由目前的71.5%提高至90%以上；年平均发电量增加690.4万kW·h，增幅为23.1%。当年胡耀邦总书记视察时在场的电站职工刘国枝，正在电脑前调试设备，说起当时的场景仍然非常激动。谈起电站改造，他说："现在好多了，宽敞明亮，自动化，噪声低，比那时进步了！"

（3）抓标准化，确保安全生产。县水电安全监管职能一直是由水利部门负责。县水利局秉承优良传统，坚持水电建设与管理并重，以标准化建设为抓手，加强制度建设，全面提升农村水电行业安全生产水平。2015年1月，湖洋电站率先通过了安全生产标准化达标建设第三方评审。为鼓励标准化建设，泉州市2015年，对开展安全生产标准化建设的水电站每座补助2万元。龙门滩三级水电站自从开展企业安全生产标准化建设工作以来，结合实际情况不断优化方案，电站安全管理水平不断提高，截至2015年5月17日，已连续安全生产5260天，在县水利系统安全文明生产检查中连续19年荣获第一名，并由县水利局确认为安全生产标准化二级达标企业。

三、开拓创新——探索农村水电发展新思路

（1）加强绿色水电建设。根据水利部关于绿色水电建设总体要求，永春县及时转变观念，从原来片面强调水资源充分利用到注重全面统筹资源、环境、社会协调发展。充分认识到建设绿色水电站是实现社会得生态、河流得健康、百姓得实惠、电站得效益四位一体的有效举措，努力探索水电开发经济效益和生态效益双赢的新模式。对湖洋溪流域龙门滩三级、湖洋、龙山、垵口、龙门滩四级等五座水电站严格执行最小生态下泄流量要求，安装下泄流量在线监控装置并与省环保局联网，将生态流量达标情况纳入县政府年度绩效考核，保证河道常年流水畅通。按园林设计要求，对厂区、库区进行规划绿化，电站树木郁郁葱葱，绿荫成林，常年空气清新，

环境优美。龙门滩三级电站被福建省绿化委员会评为"花园式电站"。水电站还大力支持周边村居、群众的公益事业，为电站和谐发展创造良好的环境，龙门滩三级水电站被评为"市级和谐企业"单位。

（2）探索老旧水电站退出机制。根据福建省水利厅提出对水电站实行"提升一批、整合一批、限制一批、退出一批"的工作思路，永春县提出要适时开展小水电退出工作。强调要"着手探索效益低下、影响河流生态环境的老旧小水电站退出机制，做好调查摸底，适时启动回收工作，保护流域生态环境"。按照先易后难，以点带面的思路，以桃溪流域水电站为试点，通过报废退出部分水电站的方式，促进小水电安全生产，推动河流生态保护修复。现已完成石玉、桃源两座水电站的评估工作。经调查摸底，全县涉及拟退出水电站 51 座，装机容量 4975kW。按照分年度、分流域、先易后难的原则，以桃溪流域为试点进行先行先试。按照因地制宜、分类整治的思路，实施退出、限制运行、转型三种处理方案。一是对于影响生态环境、存在安全隐患的水电站给予退出并拆除，根据水电站装机容量、建设年限、发电量

永春县城

等实际情况进行评估测算，并给予补偿；二是调整水电站的运行方式，由发电运行转为生态运行，通过创新机制，提高上网电价，以弥补发电损失，保证河道生态流量；三是对于有水库调节的水电站，在确保水库安全度汛的前提下采用汛期蓄水为主发电为辅，枯水期发电维持河流生态流量。目前，已制定了专门的水电站退出规划和实施方案，正在制定一站一策，分步实施。

（3）构筑永春版的"清明上河图"。2011年9月，永春县作出实施桃溪流域综合治理的决策部署。综合治理工程坚持"安全水利、生态水利、民生水利、景观水利"的理念，计划投资30亿元，用3~5年的时间，通过打好"治污""绿化""美化"三大战役，实现"水清、堤固、园靓、路畅、岸绿、房美"的总目标。根据各个河段不同的自然条件和人文历史特点，规划设计出城市风貌型、交通游览型、历史人文型、生态自然型等功能定位类型，将安全元素、文化元素、绿色生态元素融入设计。2012年6月30日，时任省委书记孙春兰视察桃溪流域综合治理项目，给予了充分肯定。孙书记指出，"桃溪流域综合治理，达到了水利防洪、改善水质、保护生态、美化环境等多重效果，可谓一举多得，各地在水利工程建设中要学习借鉴桃溪流域综合治理的经验做法，做到资金、项目统筹规划，水利、景观、绿化同步推进，努力把水利工程变成景观工程、生态工程、民生工程。"

永春水电人在传承的基础上创新，境内全长61km的桃溪流域综合整治工程正在稳步实施。一幅永春版的"清明上河图"正在徐徐展开。

（作者单位：水利部水电局）

华安县农村电气化服务新农村建设

陈大勇　张玉卓

华安县位于福建省南部，漳州市西北部。福建省第二大河——九龙江（北溪）中游107km河段穿越全县。县境内群山起伏，雨量充沛，多年平均年降雨量达1720mm。全县森林覆盖率达72%，是全国生态建设示范县，水电新农村电气化建设规划范围县。全县水能资源丰富，可开发量42万kW。现已建成水电站237座，装机容量38万kW。华安县小水电开发为新农村建设提供了坚实保障。

笔者沿九龙江入海口逆流而上，先到了新圩镇绵治村，该村距县城31km，全村共693户2493人。20世纪70年代，该村利用其境内良好的地理条件及天然落差大的优势，自筹资金投资建设了飞际溪和绵治溪两座水电站，总装机容量250kW（各125kW）。水电站投产后，主要解决了村民的照明用电问题。2000年，伴随着农网改造，这两座水电站电量开始上网，年均上网电量70万kW·h，村集体年均收入约20万元。

为科学利用水能资源，提升电站经济效益，造福当地百姓，2011年，村两委开始着手对飞

飞际溪水电站压力管道

际溪和绵治溪两座水电站进行技改。2012 年，这两个水电站纳入水电新农村电气化建设项目，国家投资 80 万元（其中中央投入 60 万元，省级补助资金 20 万元），村集体自筹资金 70 万元，对两座水电站进行技术改造，两座水电站装机增至 485kW(200kW+285kW)。2014 年技改完成后，两座水电站年发电量达 150 万 kW·h，村集体年收入约 45 万元。

飞际溪和绵治溪两座水电站收益作为绵治村唯一的村集体收入来源，多年来，一直担负着改善当地基础设施、助学扶老等公益事业，村集体出资整修了公路，修缮了路灯、水利设施，每年拿出 1.8 万元用于垃圾清洁；每年拿出 4.5 万元补助村小学老师，并对考上大学、高中、初中的学生奖励 2000 元、400 元和 200 元；村委会修建"幸福园"，集中供养 9 户孤寡老人，每年 1 万元慰问困难户；对全村 60 岁以上的 450 名老人，每年发放 100 元慰问金。

仙都镇上苑村有 2300 多人，该村上苑水电站 1982 年投产发电，

飞际溪水电站水轮发电机组

装机容量 650kW。上苑水电站现由业主承包运营，业主每年交村集体 275 万 kW·h 电量，约 82 万元。2012 年，上苑水电站列入水电新农村电气化建设项目，国家投资 170 万元（其中中央投入 150 万元，省级补助资金 20 万元），村集体出资 30 万元，业主自筹资金 300 多万元，技改设计装机 1600kW。按照上苑村与水电站业主签订合同，技改后，业主每年再交村集体 20 万元，村集体每年在上苑水电站收益累计达 102 万元，村民进一步从水电站得到收益。

此外，上苑村境内东角电站和地圆水电站为私营水电站，装机容量分别为 1600kW 和 2000kW。两座水电站分别与村集体签订协议，以资源补偿的形式，每年分别交村集体 76 万 kW·h 和 30 万 kW·h 电量，约 30 万元。

上苑村利用水电站收入为村民办实事，出资 4 万元改善路灯，翻修出行道路，修建文化娱乐设施供村民使用，每年投入环卫清洁 6 万元；为全村村民缴纳新农合医保 90 元 /（人·年）；对 60 岁以上老人的慰问补助 50 元 /（人·月）；每年拿出 7 万多元用于奖励村小学教师和学生，对考上大学一本、二本和大专的学生分别奖励 2000 元、1500 元和 1000 元。

水电新农村电气化建设作为服务"三农"的重要途径，将在华安县新农村建设中发挥更大作用，为实现全县农业现代化提供有力保障。

（作者单位：水利部水电局）

中国水电"活化石"
——庐山水电厂风雨 70 年纪实

袁东来

庐山

这是一座特别的水电站:它偏居石门涧溪,却久负盛名,毛主席曾在水库游泳,朱德、周恩来曾来厂里视察慰问,郭沫若亲自为水库大坝题字;它的规模不大,却见证了共和国水利建设的风风雨雨,说它是中国水电的"活化石",一点也不为过。如今,它已不只是一座水电站,更是人文圣山庐山厚重历史文化的精彩一页。

这就是庐山水电厂。

一、前世今生

庐山是千古名山、人文圣山,同时也曾是一座政治之山。

新中国成立以前，庐山是"国民政府"的"夏都"，外国资本家和国内官僚阶级为了生活的需要，1936 年在庐山筹划建设柴油发电机房。据庐山的老人讲，当年 6 月，60 个民工由九江经莲花洞、好汉坡，花费两天时间将一台 100kW 柴油发电机组抬上山来，其中两个民工在这搬运过程中被压伤，造成终身残废。该机组安装在电厂路 950 号，并架设了相应的 400V 低压线路进行直配供电。由于当时技术水平限制，低压供电压降大，供电不可靠，于是在同年还安装了一台专供四大家族别墅用电的 40kW 直流发电机组。这种状况一直延续到 1951 年。

中华人民共和国成立后，庐山经济建设不断恢复和发展，扩建了不少文化、旅游设施，电力事业亦相应不断发展，1952 年机房增装了一台 60kW 柴油发电机组，1954 年又由国家投资 110 万元，庐山水电厂在电厂路 48 号新建一厂房。至 1955 年庐山水电厂发电设备共有柴油发电机四部，总装机容量为 600kW。低压供电线路亦不断相应增加，工人队伍由原 13 人增加至 70 余人。

20 世纪 50 年代起，中共中央多次在庐山召开重要会议，电力保障任务艰巨，中央领导同志考虑在庐山发展水力发电。1953 年 3 月，长江水利委员会派出第一个勘查队来庐山，查勘了庐山最大水系石门涧溪，并初定开发方案。1955 年 4 月，水电总局黄育贤总工程师到庐山实地踏勘，提出对庐山水力发电的初步意见。接着由北京水电勘测设计局对水电站进行了初步设计。同年 9 月，经中央第三机械工业部

二级水电站 1 号厂房改造前外景

二级水电站 1 号厂房改造后外景

三级水电站改造前控制柜   三级水电站改造后主控室

批准，定于 1956 年开始兴建一级水电站。1956 年 7 月，江西省领导会同国内著名专家再次来庐山审定方案，决定三级全面开发，大坝工程由长江水利委员会负责设计，发变电部分由武汉水利发电设计院进行设计，中央投资 800 万元。此项工程交由庐山水力发电工程处进行施工，经过近 9 个月的施工准备和临时建筑，主体工程（拦河大坝）在 1957 年 6 月 1 日正式开始浇捣，并于年底浇完。1958 年 1 月起工程全面铺开，一级、二级、三级电站的工程同时进行，同年 4 月 30 日一级水电站开始发电。1959 年 10 月 1 日二级水电站开始发电，从此结束了庐山柴油机发电的历史。工程建设过程中，因中苏关系紧张，苏联专家撤退，导致三级水电站建设中断。1970 年，三级水电站开始施工，于 1971 年国庆节前夕正式发电。至此，水轮发电机组总容量为 4890kW。至 1986 年，庐山水电厂共 8 台机组，总装机容量达到 8760kW·h，分三级开发，均为引水式的水电站。

二、光辉岁月

20 世纪 50—70 年代，是庐山水电厂最为光辉的岁月。庐山水电厂的建成，为庐山的历史添上了浓浓的一笔。中共八届八中全会和九届二中全会期间，庐山水电厂全厂职工被光荣地列为会务后勤保障组工作人员，并圆满地完成了向大会供电的任务。当时，朱德、周恩来等中央领导曾代表毛主席来厂看望工人，毛主席还多次兴致勃勃地来到将军河水库游泳。

  60 多年来，为了维护水电站的正常运转，庐山水电厂的职工付出了辛勤的汗水。一级水电站在 20 世纪 50 年代安装了 3 台 310kW 机组，由于当时科学技术和工艺水平的限制，主机及附属设备都存在先天性的严重缺陷，致使 310kW 的机组只能带 100kW 的负荷。调速系统、励磁系统、操作、保护、信号系统都极其落后，厂房布置拥挤，钢管截面偏小，水力损失大。这些都是小改革不能解决的问题。为此，庐山水电厂提出进行彻底更新改造的方案，并进行初步设计。后经庐山管理局和江西省计划委员会批准，由省计划委员会投资 60 万元，自筹资金 5 万元，将原设备全部拆除，重新开挖基础，安装了两台 800kW 机组及其先进的调速系统、励磁系统、操作保护信号系统等附属设备，整个工程于 1979 年 5 月全部竣工，从而保证了一级水电站多发电、发好电。二级水电站情况原与一级电站相似，另外厂房面积太小，墙壁发生严重裂缝。1980 年，由省计划委员会投资 120 万元，庐山水电厂自筹资金 10 万元进行了改造。60 多年来，庐山水电厂已累计发电 6 亿多 kW·h，是它将庐山的涓涓溪流变成了清洁能源，照亮了庐山和周边地区。

  庐山水电厂当时是亚洲利用水头最高的水电站，她先后为全省十几个水电站培养和输送了不少的水电专业人才。如永新的枫渡水电站、吉安的白云山水电站、赣南的上犹江水电站、永修的柘林水电站、奉新的老愚公水电站、瑞昌的高泉水电站等都有庐山水电厂输送的技术骨干，对促进江西水电事业的发展起了一定的作用。

二级水电站 1 号厂房改造前水轮发电机组

二级水电站 1 号厂房改造后水轮发电机组

三、重焕生机

经过 70 余年的发展，从解放前到新中国，从计划经济时代到市场经济时代，庐山水电厂职工通过刻苦钻研、勤奋学习，积累了丰富的水力发电生产、机电设备安装、维修的技术经验，有力保障了发电生产的顺利进行，为庐山的旅游事业做出了巨大贡献。改革开放后，随着我国经济的快速发展，特别是三峡水利枢纽工程等一大批大型水利工程的建设，庐山水电站在人们的眼里越来越像"微缩景观"。由于设备老化、陈旧，加上 2005 年泰利台风造成发电前池堵塞、2008 年冰冻灾害升压站倒塌、2010 年干旱天气全年发电减半，企业损失严重，庐山水电厂一度陷入困境。据了解，庐山水电厂现有职工 280 人，其中退休人员就达到 110 人，企业负担也很沉重。

在国家水利部、财政部和省、市水利及财政部门的直接关心和支持下，2010 年将军河水库大坝进行了除险加固，2013 年庐山水电厂正式列入增效扩容改造项目。增效扩容项目主要是对庐山水电厂 3 个电站共 4 个厂房水轮发电机组、电气设备、自动化控制设备和 3 个升压站设备及其附属工程进行更新改造，2014 年 3 月 20 日正式动工，2014 年 12 月 20 日设备安装完成，2015 年 2 月全部投入试运行。

改造后不但自动化管理水平得到明显提升，安全隐患得到有效消除，安全生产得到了有力保障，而且水电站增效 20% 以上，达到预期效果。同时，为下一步庐山水电厂优化人员组合、减员增效及安全生产标准化建设创造了有利条件。

庐山水电厂还深入挖掘电站的历史文化内涵，把水电站建设与旅游产业结合起来，准备在将军河水库开设毛主席游泳处参观景点，并建设庐山水电历史资料档案馆。

（作者单位：九江日报社）

风劲好扬帆
——江西省安福县发电公司科学发展纪实

刘鹏方

社上水库

武功湖，又名社上水库，她如一位曼妙仙女静坐在武功山下。湖因山得名，山因水更灵。她"出生"于1973年，库容1.7亿 m^3，水面2万亩，是一座兼具灌溉、防洪、发电、生态、旅游、养殖等功能的大(2)型水库，2006年被水利部列为国家水利风景区。

武功湖的梯级开发使安福县发电公司（社上水库管理局）从单一经营武功湖，到掌管武功湖、岩头陂、安福渠"两库一渠"、3座水电站，总装机容量达2万kW。近年来，该公司倾力抓好安全生产和水电综合开发利用，实现了经济、社会、生态效益的"三赢"局面，步入了全面协调可持续发展新常态，成为全省乃至全国水电开发的典范之一。

一、多点发力，确保安全生产与经济效益互促共进

初夏时节，社上水库峰回水转，风景如画，游人如织。水电站机房里机器高速

电站管理区

运转，安全生产警示标识和《安全歌》等宣传语随处可见，设备检修缺陷公示牌上的整改计划、完成时间、责任人等信息及时准确地呈现。"截至2015年4月底，我们实现安全生产无事故5700天。"该公司分管生产的副经理刘顺泉话语中充满成就感。

这是该公司建立的四大体系：以总经理为首的安全生产指挥保证体系，以党总支书记为首的思想政治工作保证体系，以工会主席为首的安全生产监督体系，以团委书记为首的青工安全保证体系。四大体系的协调运转，形成了党政工团齐抓共管安全生产的动态管理格局。张鸿昌介绍随着公司各电站"双主体"责任制度、"一岗双责"制、"两票三制"等安生产规章和操作规程的强力落实，职工习惯性违章现象呈递减态势。他说，公司做到安全生产日日讲、时时讲、处处讲，每年还进行电力反事故演习，让职工熟练掌握处理事故的方法。公司每季的电力安全大检查和每天现场巡视，以及逢5逢10夜检，都是雷打不动。发现大小毛病都及时排除和处理，避免让公司设备处于"亚健康"状态，甚至"带病上岗"。

为了多发电、发好电，该公司一方面紧密跟踪发电量的计划和完成，在丰水期做到狠发多发，通过与同期对水账的对比和精算，加强电量计划管理，科学调度。库水位较高的发电有利条件下，公司组织各水电站开展"班组安全发电竞赛"活动，奖励发电月冠军。2014年，公司投入4563万元实施农村水电增效扩容改造项目建设，基本完成3个水电站的增效扩容改造，总装机容量将从1.5万kW跃升为近2万kW，水电站自动化信息化和现代化水平跃上新台阶。

面对库区丰富的自然资源，公司一方面争取项目资金做好武功湖和岩头陂水库"十八湾"景点开发项目，叫响"国家水利风景区"这张名片，另外，充分利用水库资源和人员优势，通过武功湖宾馆、水库大水面招租和县内其他水电站的劳务技术服务等方式创收增效，多点发力增添发展后劲。

二、顾全大局，实现社会效益与生态效益相得益彰

万亩武功湖，波光潋滟，清之濯濯。"库区的网箱养殖早几年就撤走了，现在是人放天养。"社上水电站站长彭光甫说，"水库就像我们自己的眼睛，容不得污染和破坏。"2014年11月，环境保护部、国家发展和改革委员会、财政部联合印发《水质较好湖泊生态环境保护总体规划(2013—2020年)》，武功湖被列为水质较好湖泊受到特殊保护。

社上水库担负着下游10多万亩农田的灌溉，承担着安福县和吉安县九个乡镇、吉安市中心城区共几十万人口以及京九铁路、105国道和赣粤、大广高速公路的防洪任务。该公司精心编报度汛方案、抢险预案，早动员，早部署。严格落实防汛工作各项责任制，按照工程防洪要求，砂石、汽柴油等抢险物资采购并堆放定点到位，抢险队伍人数和建制落实到位。严格落实24小时防汛值班制，严密做好汛期水、雨、工情的观测检查，密切联系乡镇、林场、通信等责任单位，及时准确反馈上报。公司每年向灌区输水1.2亿 m^3 以上，保障了农业灌溉用水，并根据蓄水量制定农田灌溉用水计划，做到了计划用水和节约用水。

三、内外兼修，通过文化传承与管理创新凝心聚力

业务竞赛

这些天，周绍鑫忙于教徒弟郭奇操作新机组。"周师傅为人真诚，他毫无保留地教我，我现在基本能独立操作新机组了。"郭奇这样评价他的师傅。

郭奇能很快掌握新技能，得益于该局"1+1传帮带"结对培养制度。根据《安福县发电公司提升青工技能"传帮带"实施方案》，该公司3座水电站技术骨干和业

双主体责任公示牌

务"生手"实行"1+1"师徒帮扶对子，结对帮扶效果进行年度考核，按考核结果进行奖惩。公司实施增效扩容工程后，部分职工不熟悉操作新机组，"传帮带"的职责就落到公司的"老把式"身上了。目前，像周绍鑫、郭奇这样薪火相传的"对子"全公司有30对。

其实，师傅带徒弟只是县发电公司企业文化中的一朵浪花。近年来，该公司一方面注重"人"的精神面貌的改善，凝聚干部职工干事创新的强大合力。一方面注重"人"的能力的提升，激发干部职工工作热情，为企业发展流汗出力。近年来，公司在社上水库、岩头陂、安福渠3座水电站进行园林化厂区建设，组建了篮球队、乒乓球、文艺队等业余文体队伍，积极参与全县性的文体活动，且多次获奖。公司还开展了"身边好人榜"月度评选活动，每月评选出一名"身边好人"。张鸿昌说："活动虽小，但通过公司上下广泛参与，极有利于促进公司干部、职工道德素质和文明程度进一步提升。"

围绕"人才兴企"战略，公司积极创造条件选派所有专业技术人员轮流参加继续教育培训，参加上级组织的各类技术培训，提高电力生产人员的作业技能。2014年，该公司配合省农电局精心编写了《江西省农村水电站安全生产标准化建设制度汇编》《江西省农村水电站安全生产标准化建设指导手册》等三本指导手册，电力安全生产管理经验成为全省的行业标准向全省推广，这是该公司严格实行一系列规范化和精细化管理取得的重大成效之一。

风疾波兴，木茂鸟集。近年来，该公司多次被评为"省一级水利工程管理单位"，连续五届荣膺"江西省文明单位"，还被中华全国总工会授予"模范职工之家"、被国家水利部授予"水利系统文明建设工地"，这一项项荣誉无疑是对该公司经营管理工作的肯定和对社上全体职工的嘉奖。

（作者单位：中共安福县委宣传部）

政策惠民　实现多赢
——河南省卢氏县中里坪水电站以电代燃惠民生

张玉卓

初秋傍晚，走进豫西山区卢氏县汤河乡洪水移民小区，笔者看到，居民们结束一天的劳作，正在家里享受着幸福的晚餐。但让人疑惑的是，作为河南省第一林业大县、森林覆盖率约 70% 的山区"国家级贫困县"，晚饭时分，小区里几十户人家不见一处炊烟，那他们怎么做饭，燃料怎么解决？

带着这些疑问，我们走进了一户农家。农户主人知道我们的来意后，笑呵呵地带我们走进厨房。明亮的灯光下，灶台上电磁炉、电饭锅、热水器映入眼帘，橱柜

里排列着整齐的锅碗瓢盆，当我四处找寻农家最常用的燃料——柴火时，主人爽朗地说，我们现在都用电做饭了，再也不用每天烟熏火燎了。原来，卢氏县被列入小水电代燃料生态保护工程试点规划，中里坪水电站作为一期工程电源点，从 2009 年 3 月起，为汤河乡 7 个行政村，1424 户、5065 人口提供 0.36 元 /（kW·h）的代燃料用电。自从有了清洁便利、价格实惠的代燃料用电，当地居民逐渐放下柴刀，告别炊烟，走进宽敞明亮的厨房。

一、农民享受廉价电

中里坪水电站装机容量 3000kW（代燃料装机容量 2500kW），投产发电后，汤河乡 1424 户代燃料户签订供用电协议，户年均享受代燃料供电量 1200kW·h，电价由原来的 0.56 元 /（kW·h）降到 0.36 元 /（kW·h）。贫困山区群众农户开始用电做饭、取暖，替代砍树烧柴，实现了以电代燃的梦想。以电代燃在改善农民生活条件和居住环境的同时，也从源头上杜绝了对森林植被的过度砍伐，把大量的农村劳动力从砍柴烧饭中解放出来外出务工等渠道增加收入。

中里坪水电站注重改善当地落后的交通状况，投资 100 多万元，修建了中里坪村交通桥，原来上百户农民外出需要绕行五六个小时的路程现在只需要两三个小时。电站还先后出资 80 余万元，把当地 3km 崎岖的羊肠小道整修为水泥硬化路面，大大改善了农民的出行条件。

二、水库防洪保平安

卢氏县曾经饱受洪水灾害影响。在中里坪水电站建成前的 2007 年 7 月，卢氏县爆发特大洪水、泥石流灾害，造成 75 人死亡、1 人因公殉职、14 人失踪，全县直接经济损失 14.1 亿元（全县前一年地方财政一般预算收入的 11 倍），其中汤河乡伤亡人数最多，死亡 35 人、失踪 7 人，几十家农户房屋被损毁。

水电站建成后，中里坪水库设计总库容 985 万 m^3，对自然降水进行调节，提升了水库下游 4 个乡镇的防洪标准。水库在日常增加流域梯级水电站出力和发电量的同时，汛期的防洪效益更为显著。2010 年 7 月 24 日，卢氏县再次经历洪水磨难袭击，洪水流量和 3 年前洪水流量相当，经过中里坪水库的削峰后，洪水平稳通过汤河乡，全乡无人员伤亡，无重大财产损失。

三、以电代燃促发展

中里坪水电站年均发电 400 多万 kW·h，发电收入 110 多万元，上缴利税 11 万元。中里坪水库蓄水后，通过流量调节，使下游 4 个电站每年增加发电量 400 余万 kW·h，为当地经济源源不断提供坚实电力保障的同时，各级电站增收效益明显。

通过实施小水电电燃料生态保护工程，汤河乡的郁郁森林保住了，进出道路通畅了，河里流水清澈了，水库鱼苗养肥了，来中里坪水库周边游玩的旅客逐渐多了，水库成已经成为镶嵌在卢氏山区的一颗明珠，不断吸引外地游人观光旅游。

汤河乡是河南省第一个小水电代燃料项目示范乡，中里坪水电站是项目区两个工程电源点一期工程。中里坪水电站站长马有成说，作为先期开发，让农民优先受益的电站，我们会不断发展，保护好青山绿水，用优质低价的代燃料用电回报父老乡亲。

（作者单位：水利部水电局）

小水电　新发展

——河南栾川电气化县建设显成效

张玉卓

　　栾川古称"鸾州"，位于河南省西部，森林覆盖率 82.4%，拥有 2 个国家 AAAAA 级旅游景区，7 个国家 AAAA 级旅游景区，是全国低碳旅游实验区和首批中国旅游强县，素有"洛阳后花园"的美誉。栾川县水能资源丰富，是全国"十一五"水电农村电气化县、"十二五"水电新农村电气化县。境内有伊河、小河、明白河、淯河四大河流，分属黄河、长江水系，大小支流 604 条，水能蕴藏量 11.78 万 kW，可开发量 8.5 万 kW。目前，全县共有农村水电站 29 座，装机容量 2.4 万 kW。

　　在建设"民生水电、平安水电、绿色水电、和谐水电"中，栾川立足水能资源优化配置，依托电气化和代燃料项目，科学开发水能资源，建立了梯级调度系统，优化调度运行，加快老旧电站升级改造，着力推进标准化建设和周边生态环境保护，全面促进农村水电科学发展。

　　"十二五"水电新农村电气化县建设中，拨云岭水电站、马路湾水电站、龙王庄水电站实施全面升级改造，消除了设备安全隐患，并率先在全省建成了水电站梯级调度自动化系统。该系统共投入资金 300 多万元，2014 年年初建成后，满足了水电站现代化、标准化管理，优化调度运行，合理利用水能资源的需要，实现"无人值班、少人值守"目标。目前，水电站梯级调度自动化系统已实现了伊河流域 5 级水电站的集中调度控制，总装机 13 台机组，装机容量 1.7 万 kW。每年年发电量增长 15%，增加收入 212 万元，人工成本减少 150 万元。

　　走进水电站梯级调度中心，首先看见的是宽大的电子显示屏，屏幕上实时显示

栾川鸾州大道

着各级电站的生产运行情况，值班员轻点鼠标，屏幕上显示出电站中控室、厂房、进水口、排水口等实时画面。河南省天源水电有限公司总经理王中茂介绍说，梯级调度系统具备水电站数据的集中采集、监控、自动发电运行、历史数据存储分析、优化调度等功能，通过统一调度、集中控制、安全运行和水能资源优化配置，不仅提高了电站发电能力，还大大提高伊河上游的防洪标准、枯水期供水能力。同时，集控管理模式还有效地节约了人力、物力投入，公司依托水电站周边良好的生态环境，借助毗邻重渡沟风景区的优势，参股旅游项目，发展旅游产业，为水电站分流人员提供新的工作岗位，保持了企业良好的发展势头。

安全生产是农村水电发展的红线，栾川在打造"平安水电"实践中，不断总结、探索、改进安全管理，以标准抓管理，以管理促安全，以安全创效益，全面提升行业安全运行管理水平。目前，拨云岭水电站完成安全生产标准化创建工作，2015年年底，还将完成龙王庄水电站、大清沟生态电站和马路湾水电站的安全生产标准化创建工作。

栾川水电正在努力探索一条科学可持续发展的新路子，立足自身建设，不断推进电站业自动化、现代化、科学化进程，向精细化和标准化管理要效益，全面提升行业管理水平，助力美丽栾川建设。

（作者单位：水利部水电局）

漳河小水电因"绿"变"大"

程远州

漳河春色

湖北荆门漳河水库，是当地的"母亲湖"，成群的小水电站被"环抱"其中。曾经的工业污染、林木破坏，逼迫当地愈发重视生态，以严厉措施力保水库水质。而漳河水库的小水电站群，也因生态优化调度成为全国小水电建设的"绿色"典型。

从鹅公包乘船，到观音寺大坝后面的水电站，一路穿湖汊、破清波，云山雾绕中，半个小时的路程转瞬即过。如今的漳河水库，水域辽阔波光粼粼，远处山丘绵延，春华盛开。

"这水里都有桃花水母，养出来的鱼能不好？"听问鱼品，一位驾着鱼划子撒网捕鱼的渔民笑着反问。2007年以来，漳河水库已连续9年发现桃花水母，整体水质达到Ⅰ类标准。然而，十几年前，这里却经受着"污水肆意排放、拦汊投肥养殖"的困扰。

一、治污返清，漳河水库喜见桃花水母

漳河水库开挖于1958年，位于荆门、宜昌、襄阳三市交界处，主库区在荆门市。它是全国八大人工湖之一、湖北省所辖库容最大的湖泊，也是荆门中心城区50多万市民的饮用水源地，被荆门人亲切地称为"母亲湖"。2015年1月，水库已正式成为国家湿地公园。

然而，20世纪90年代，"母亲湖"承受了太多的苦难：工业污染、农业面源污染、生活污水、旅游船只排污、上游林木滥砍滥伐等。"那时候水是黑的，死鱼漂浮在水面上，风一吹就有臭味传来，我们都不敢吃这里的鱼。"荆门市漳河镇罗河村村主任黄家新回忆。

荆门市环保局1998年监测到的一组数据显示，漳河水源一级、二级保护区范围内共有企事业单位55家，年排放废水总量290.78万t；漳河水库闸口水域1999年石油类超标6.6倍，1996年总磷超标16.6倍，就连水质最优良的库心总磷都超标15.2倍。

一定要留住"母亲湖"。1998 年 10 月 26 日，漳河水库环境保护监理站成立，漳河有了专门的保护"部队"，这是迄今为止湖北省唯一的为保护一片水域而设立的环保机构。随即，当地又出台了《荆门市漳河水源环境保护规定》，漳河水库返清进入倒计时。

2007 年，漳河水库首次出现桃花水母，给保护者打了一针"强心剂"。桃花水母有"水中大熊猫"之称，距今已有 6.5 亿年，被喻为生物进化研究的"活化石"，形状美若桃花瓣。据清华大学环境科学与工程系教授王占生介绍，桃花水母对水质要求很高，能发现桃花水母，说明水质的确好。

二、严控企业污染，合理补偿库区居民

良好水质的背后，是治污的硬措施与对库区百姓的利益保护。

"零污染布局、零排放废水、零容忍排污，是漳河水库治污的最关键手段。"荆门市副市长、漳河新区党委书记蒋星华说，山清水秀是地方政府"割肉"换来的。近 10 年来，荆门市先后关闭搬迁了湖北中天荆门化工有限公司等 7 家化工厂，并承诺今后绝不再引进工业企业。

"即使是税收大户、上市公司也不留情面，为了生态保护，照样得搬。"荆门市漳河新区住建环保局工作人员程大垠介绍，工业撤离的过程就是一场"拉锯战"，一家企业的彻底搬迁或者关停需要 3 ~ 4 年时间，其中不仅涉及地方财政缩减带来的连锁问题，更涉及工人失业可能引发的社会问题。

还有，库区百姓的生活水平怎么保障？库区的三化村，经济并不富裕，村委会曾在 2013 年费大力气引进一投资 600 多万元的项目，但因该项目影响库区生态环境，没有通过环评审批。因为涉及"钱袋子"，很多村民多次要求开建，2014 年该项目依然被勒令停建，并在原址恢复了植被。"现在不敢牺牲环境来发展经济，并不等于不希望增加收入。"黄家新叹了口气，他所在的罗河村，以前有人靠网箱养鱼为生，一年有几十万元收入，取缔网箱之后，收入减少了很多。

荆门市在其境内库区共取缔 400 多个网箱养殖，实行限期治水，每亩水面补贴给渔民 100 元，连补 3 年。"补贴确实偏低，渔民有意见。"程大垠介绍，为争取

百姓支持，尽可能提高百姓生活水平，新区对库区污水、垃圾、道路、教育等设施进行配套。同时，实行生态补偿制度，让库区群众得到合理的经济补偿。此外，还发展生态农业，扶持葡萄、蜜橘、苗木等特色产业，增加库区群众的收入和发展能力。

与此同时，《漳河水库"三圈"范围线规划》的出台，划定了漳河水库禁建区、限建区、适建区，确定漳河水体蓝线保护圈、湿地保护圈、生态旅游圈"三圈"范围线，为漳河水库的保护提供法规依据。2014年12月，湖北省漳河水库荆、襄、宜第九次联席会议在荆门召开，探讨荆门、宜昌、襄阳如何建立常态机制防治漳河水库污染，漳河治理也实现了从区域管理到流域管理的转变。同时，探讨建立跨界断面考核机制、生态补偿和生态赔偿制度，加强漳河水库保护的持续制度保证。

三、小水电调度以生态优先，为保青山"以电代燃"

除了岸上治污的雷厉风行，在保护"母亲湖"的行动中，位于水面之上的水电群表现同样优异。

漳河水库，其功能不只是防洪和供水，在合理开发利用中还派生出了发电、供水、旅游等附属功能。例如，始建于1995年的漳河观音寺水电站就承担着这样的功能。

从发电量上讲，漳河水库中的水电站群属于典型的"小水电"，但其更大的特色，在于它的"绿色"。这里的"小水电"是绿色工程，其生态调度的用水方式，对于漳河水库及下游漳河的生态有着调解保障的作用。例如，通过调整观音寺水电站发电机组的运行方式，改变发电下泄流量，水量调度首先保全库区人民的基本生活及生态环境的需求。来水丰沛时，水电站发电机组全开，而遇旱情或水库持续低水位运行时，则控制发电量，增加下泄流量。因此，相对于一般的调度方式，生态调度的意义体现在保障人与生态用水优先，而非发电优先。

"这个季节最好，不愁旱涝，发电机组也能全马力运行。"漳河水库水电站群负责人刘登超说，受强降雨影响，截至4月7日漳河水库水位便已上涨1.27m，极大缓解了持续5年的干旱。此前，因水位过低，水电站7台发电机组只有4台在运转。

记者了解到，近5年来，漳河水库流域降雨量持续偏少，2011—2013年水库平均来水量仅3.92亿m^3，较多年平均来水量6.86亿m^3减少四成。2014年8月，漳河灌区干旱指数达到特旱等级，渠首闸已不能自流，而灌区中稻正处于"瓢水碗谷"的关键需水生长阶段。刘登超介绍，为了抗旱保收、调水抗灾，当时的漳河水电站群将发电量控制在最低位，从国家电网买电，低价卖给库区百姓，每个月亏损近60万元。

小水电还是"以电代燃"项目的推行者。2008年，漳河水库管理局成功申报水利部"以电代燃"项目，在库区降低电价，鼓励"多用电，少砍树"。据了解，"以电代燃"项目多是地方政府申报的项目，以水库管理局的名义申报成功，全国独此一家。"电价从0.558元/（kW·h）降到0.358元/（kW·h）卖给村民，引导大家用电，这样一户四口之家砍伐的树木年均减少六成。"漳河镇雨淋村党支部书记靳其华介绍，之前因嫌电价贵，库区百姓主要靠砍伐林木解决燃料问题。

为保障"以电代燃"项目的长效实施，漳河库区还提出了"水光互补项目"的新能源战略思路，引进了民营资本投资光伏发电项目，项目年均发电量约1000万kW·h，总投资7000万元，可以解决1758户的用电问题。

（作者单位：人民日报社）

神农架林区全面推进
小水电代燃料建设促进生态环境保护

何习文[1] 王 晓[2] 胡顺华[2]

神农架是中纬度地区重要的基因宝库和绿色宝库，也是华中地区、长江中下游的生态屏障，更是国家一个重要的水源保护地。因此，神农架林区的生态环境保护一直是公众关注的热点，为了减少林区农民砍树烧柴，保护森林植被和生态环境，同时增加清洁能源供应，解决退耕还林农民的生活燃料问题，神农架林区是作为全国 11 个小水电代燃料示范县之一，从 2014 年以来全面推进小水电代燃料工程建设实施情况如何？9 月 6—8 日，记者来到神农架林区实地了解小水电代燃料工程实施情况。

神农架林区红花坪代燃料电站外观

神农架林区红花坪代燃料电站内景

一、林区全面推进小水电代燃料项目建设增加了清洁能源供应

去年以来，神农架林区实施"整体推进与分散实施"相结合的方式，开始全面推进开展小水电代燃料项目的示范建设，据神农架水利水电局总工程师张永强介绍，神农架林区代燃料示范县共规划阳日、松柏、九湖、木鱼和红坪等5个代燃料项目，覆盖全区8个乡镇，1.74万户农户。共规划改造宋洛四级水电站、腰水河水电站、红花坪水电站、夹道河水电站和阳日水电站等5座水电站个代燃料项目，改造后总装机容量24680kW，发电量增加1000万kW·h。改造后增容产生的效益将通过电价补贴全部补贴给农民。在项目区的建设中，目前已经完成了16个行政村2249户厨房改造，实现户均年代燃料用电量557kW·h。

二、项目惠及千万百姓

据了解，继2014年后2015年林区政府工作报告再次将代燃料电价补贴工作作为全区惠及民生的十件实事之一，城镇居民也纳入了补贴范围，实现了代燃料电价城乡全覆盖。2015年9月7日记者在木鱼镇木鱼村罗贤蓉家看到其门楣上有一块蓝底白字的小方牌：小水电代燃料户047。作为项目建设的示范村，这块小牌

神农架林区农户改造后的厨房

子让她家拿到240元的电费补贴和1000元的厨房改造补贴。根据当地政策，农户居民每户每年最多可补贴电费240元（每年最多补电量为1200kW·h，每度电量补贴0.2元；没有用完1200kW·h电量的用多少补多少）。同时，在项目区建设的示范村，每户还可以得到1000元的厨房改造补贴资金。通过对厨房灶台、电线线路的改造并对农户配备电水壶、贫困户配备电磁炉、电饭煲等电器设备，鼓励农户多用电以减少对树木的砍伐。据张永强介绍，2014年对全区1.74万户农户发放代燃料电价

补贴 190 多万元。通过对厨房灶台、电线线路的改造并对农户配备电水壶、贫困户配备电磁炉、电饭煲等电器设备，鼓励农户多用电以减少对树木的砍伐，保护生态环境。

三、代燃料协会监督农户履行职责

林区还成立了代燃料协会，负责代燃料户电费补贴兑现情况监督。对享受电费补贴但仍继续砍伐木柴的农村居民，张永强说目前正在研究退出机制，考虑取消其资格，引导代燃料户使用电炊和电取暖，监督代燃料户履行职责，监督劝阻农户上山砍伐树木，保护生态环境。对于享受电价补贴但仍继续砍伐树木的农村居民，张永强说目前正在研究退出机制，考虑取消其资格。

四、生态保护效果明显

据介绍，林区通过小水电代燃料工程建设，居民保护生态的意识日益增强，项

神农架自然风景

目实施后保护四区面积 44.84 万亩，其中保护天然林面积 20.82 万亩，退耕还林面积 8.57 万亩，自然保护面积 6.78 万亩，水土流失重点保护面积 8.67 万亩。代燃料项目实施后，每年可减少薪柴消耗 123907m^3，煤炭消耗 1782t，减少二氧化碳排放量 92867t，保护森林植被面积达 107500 亩，森林植被吸收二氧化碳 226750t。

（作者单位：1. 湖北省人民政府网；2. 湖北省水利厅宣传中心）

走进恩施小水电

潘佳秀子　彭秀芬

中青湖北、新华网等记者随湖北省水利厅相关人员前往恩施土家族苗族自治州大龙潭水电站、来凤县老虎洞水电站，实地了解为保护生态环境而建设的生态流量泄放设施以及小水电代燃料工程实施情况。

一、恩施州大龙潭水电站

安装生态机组确保生态流量。

2015年8月9日，记者一行人来到了位于清江上游恩施州城区以上11km处的

恩施大龙潭电站大坝

恩施大龙潭电站大坝

大龙潭水电站。站在水库大坝上方放眼望去，江水自流，云淡风轻。大龙潭水电站站长黄宗清向记者讲述了水电站的基本情况。

据介绍，恩施大龙潭水利枢纽工程是以防洪、发电为主，兼顾城市供水功能的中型水利工程，装机容量 3 万 kW。为了保护环境，在建设时就对建设中的弃渣及裸露的土地进行了治理，厂区、库区林草也全部按要求进行了恢复。

"这座水库大坝最大坝高达到 54m，年平均生态流量 1.2 亿万 m³。"黄宗清说，水电站与大坝之间河段自然长约 500m，为了保证这段河段的水生态环境，在大坝设置了生态流量泄放设施——生态流量水电站，即在坝后安装 1 台 1600kW 的小水轮发电机组，将水库泄放的生态水的水能资源回收。这样既保证了生态流量的泄放，又充分利用了水能。

据悉，生态流量电站设计下泄最小生态流量为 6.95m³/s，设计年利用小时 5880h。2008 年 10 月 17 日生态流量工程机组投入运行，截至 2015 年 8 月 8 日累计发电 5200 万 kW·h，累计下泄流量 7.8 亿 m³，确保了工程下游河道的生态平衡。

事实上，除了城市供水和发电功能，大龙潭水电站的第一要义是防洪。2014 年 9 月 2 日，恩施地区发生强降雨，大龙潭流域日降雨量达到 82.8mm，最大洪峰流量为 1766m³/s，成为 2008 年以来第一大洪峰。恩施水电立即启动防汛应急预案。通过合理调度、利用库容削减了洪峰，减少下泄流量。当时，控制出库流量为 1065m³/s，拦截洪峰流量 701m³/s，使恩施城区未发生洪涝灾害，避免了下游城区经济和财产损失。

二、来凤县老虎洞水电站

代燃料项目惠民生，同时打造景区式水电站。

2014 年 10 月，恩施州水利水产局下发 107 号文件，为加快实现"水更绿"目标，要求严管水能资源，积极实施小水电代燃料生态保护工程。通过建设代燃料电站，向百姓长期稳定提供低价代燃料电力电量，同时也保护了森林植被。

2015 年 8 月 8 日下午，记者一行人就随同调研人员走近恩施州第一座水电站——来凤县老虎洞水电站，同时也是来凤县杉龙小水电代燃料项目的电源点。

小水电代燃料项目指的是项目区的百姓可使用低价代燃料电力电量，每户每年最多可补贴电费 240 元（每年电量最多补 1200kW·h，每度补贴 0.2 元；没有用完 1200kW·h 电量的用多少补多少）。根据调查，一户居民，平均 4 口人，

大龙潭水电站生态流量机组

恩施来凤县老虎洞代燃料电站

一般一年用于做饭、烧水、取暖的烧柴量需 2000 ~ 3500kg，消耗十分惊人。给当地带来了很大的生态问题。与此相对的是，小水电的廉价电能如果用于煮饭、取暖，既可以提高森林覆盖率，减少水土流失，又有利于提高当地居民生活水平。

老虎洞水电站老虎洞河流域的末级开发，属扩机增容改建工程。扩建后水电站装机容量 3000kW。2009 年经湖北省水利厅批复确定翔凤镇老虎洞村、中华山村和三胡乡讨火车村、猴粟堡村、苗寨沟村等 5 个村 1540 户作为来凤县小水电代燃料生态保护工程项目区，惠及人数达到 6222 人。

"原来，冷冰冰的电站也能变得这么'温暖'"当再次看到新建的老虎洞水电

站时，一同前行的省水电厅农电处副调研员袁晓红不禁感叹起来。

新的老虎洞水电站于 2010 年 6 月开工兴建，2014 年 11 月投产发电，离旧址不过几百米，具有防洪、发电、灌溉、供水等综合效益。为了加强对当地百姓的水情教育和水文化宣传，来凤县水利水产局专门组织相关人员外出采风，将完成的诗词作品刻于围栏之上，建起一条来凤县水利文化长廊。

恩施来凤县老虎洞代燃料电站大坝及游客栈道

由于在建设过程中牢固树立人水和谐的生态工程理念，不破坏河道自然景观，新建成的老虎洞水电站已成为当地群众旅游休闲的理想去处。每到日落时分，不少附近居民便前来散步，边走边欣赏水电站周围的风景。

"通过打造景区式的水电站，有利于拉近老百姓与水电站之间的距离，也便于他们了解更多的水利水电知识，从而更加理解和支持我们的工作。"来凤县水利水产局局长段绍鹏在接受媒体采访时表示。

防洪、发电、提供城市饮水，这些农村小水电站都扮演着重要的角色。据统计，截至 2014 年年底，恩施州共拥有水电站 288 处，总装机容量达 337.507 万 kW。"十三五"期间，全州规划新建水电站 93 处，改扩建水电站 47 处，新增装机容量 173.78 万 kW。实践表明，合理、有序地开发水电这个可再生清洁能源，必将产生巨大效益，无论是生态效益还是经济效益，都将为百姓带来福音。

（作者单位：中青网）

湖南靖州贯宝渡代燃料项目保护生态

湖南靖州苗族侗族自治县水利局

靖州苗族侗族自治县贯宝渡小水电代燃料生态保护工程项目区内山多林广，水能资源丰富。代燃料水电站坐落在沅水一级支流渠水河畔，设计为一座低水头径流式水电站，水电站总装机容量4000kW。整个项目区受益农户达3077户，户均代燃料装机容量为1.3kW，户均代燃料年电量为1200kW·h，代燃料电价为0.40元/（kW·h），项目保护林地面积共计5.6万亩。

为配合项目区建设，靖州县政府投资90余万元，修建农村饮水安全工程两处，解决2300人饮水困难问题；投资75.6万元，修建一条3.6km的村级公路；投资21万元，实施完成21户农村危房改造；投资60万元，实施多能互补工程，安装太阳能热水器142户，建设沼气池215口，为代燃料农户多能互补提供了保障。

为解决工程建设初期资金短缺问题，项目领导小组多次深入项目区宣传代燃料项目，组织召开村民大会，征求群众意见，达成了以贯宝渡村集体为主、村民自愿集资共同开发的共识，最后投资入股的农户达126户，自筹资金650万元。这既为项目的建设提供了有力的资金保障。同时，也给村民带来了可观的经济利益，调动了村民积极性。

据了解，该项目在管理上实行"所有权、经营权、使用权、监督权"四权分设的管理体制：明确了国有资产出资人代表为县水利局；依法组建项目法人"靖州苗族侗族自治县贯宝渡水力发电有限责任公司"，履行代燃料水电站的经营权；通过签订代燃料供用电协议，明确农户的代燃料电量使用权；成立了"靖州苗族侗族自治县贯宝渡小水电代燃料协会"，与董事会共同行使监督权。

　　小水电代燃料工程的实施，使项目区群众彻底改变了传统烧柴做饭、取暖的落后生活方式，摆脱了烟熏火燎之苦。以电代燃料的新生活方式，不仅消除了生活污染，改善了人居和生态环境，而且解放了大量劳动力，富余劳动力每年外出务工创收达数百万元。同时，低价享受清洁电能，每年还为农户减轻负担87.8万元。村集体利用余电上网每年创收10余万元。项目区内的贯宝渡村被国家授予"文明村镇工作先进单位""全国绿化千佳村"，被省政府授予"文明村""省级生态村"等荣誉称号，成为山区农民建设社会主义新农村的亮点。

电气化带来现代化

张家界市永定区水利局

张家界

"大家都说我们水电站的女工说话大声大气不温柔，我们这可都是职业习惯，因为机房内发电机声音太大，不大声喊话根本听不见。"张家界市永定区花岩水电站的女职工覃群慧曾经这样告诉笔者。可现在走进花岩水电站，情景已大不一样：值班室窗明几净，自动化操作系统让值班人员远离噪音干扰；白墙红瓦的办公楼，整洁有序的厂房，"为人民服务"几个大字熠熠生辉，这就是水电新农村电气化项目实施后的花岩水力发电站，真可谓旧貌换新颜。

永定区被确定为"十二五"水电新农村电气化县后，花岩水电站改造项目是该县实施的第一个项目。水电站发电总装机容量2400kW，整个改造工程设计总

张家界澧水

投资1200万元，改造内容主要为机电设备、金属结构及水工建筑物。目前已完成尾水渠导流墙改造、拦污栅改造、综合自动化系统改造及3台调速器改造。随着第一期改造项目的顺利完成，设备运行的效率和安全性大为提高，花岩水电站走向标准化、规范化、制度化管理的格局已初步形成。当班职工坐在计算机宽屏前，实时监测整个自动化生产系统，完全一派现代水电企业运行场景。

通过实施花岩水电站新农村电气化项目，带动了周边武溪、边岩、四坪、周家河4个自然村1600多户近5000名村民能源结构的调整，实现"以林涵水、以水发电、

以电保林"；对退耕还林还草、天然林保护、自然保护区等生态建设工程，起到了重要保障作用，保证了水电站周边1200亩退耕还林退得下稳得住，不反弹。据了解，2014年花岩水电站将继续以"十二五"水电新农村电气化项目改造为契机，进一步完善水电站设备，强化企业内部管理，狠抓安全生产，力争把花岩水电站培育成张家界市乃至湖南省新农村电气化建设的先进典型。

老典型彰显新活力　小水电做出大文章

——广东乳源县小水电发展调查

陈大勇　张玉卓

　　乳源县位于广东北部山区岭南山脉之南缘，属广东省三个瑶族自治县之一。全县人口21万人，面积2227km²，森林覆盖率71.8%。该县属亚热带湿润气候，雨量丰沛，多年平均年降雨量1883mm。全县水能资源可开发量56万kW。1941年县内就兴建了第一座水电站。1993年县政府做出"以发展小水电为重点，推动县镇工业全面发展"的决定，全县再次掀起了小水电开发热潮。目前，全县境内共有小水电站418座，总装机容量56.12万kW，开发率超过90%。形成了"以林涵水，以水发电，以电护林"的良性循环，促进了水资源的综合开发和可持续利用，实现了人与自然

泉水水电站库区

的和谐共处。

乳源属国家第一批电气化建设试点县。"九五""十五"期间就是全国水电开发建设的先进典型。传统的小水电大县、强县，在资源开发率接近饱和的情况下，水电建设与管理该走出什么样的新路子？ 2015年4月，带着这个问题，笔者来到乳源，走访了县、镇政府，县水务局，水电站、林场、村委会、村民小组、农户。通过调研，深切体会到小水电的发展对乳源经济社会发展，生态环境改善，和谐社会建设发挥着举足轻重的作用。

一、小水电依然是全县重要的经济支柱

20世纪70—90年代初，约20年的时间里，小水电的税收占乳源县的财政收入达70%以上，成为名副其实的支柱产业，促进了县域经济的快速增长。"十二五"前4年，全县生产总值年均增长11.5%，2014年全县国内生产总值64亿元，县财政可支配收入5亿元。2014年是历史上少有的枯水年，全县小水电总发电量仍达18.3亿kW·h，产值9.38亿元，上缴财政9230万元，占全县财政收入的18.5%。

二、小水电开发为招商引资创造条件

乳源县依托资源优势，做好水电文章，实施外向带动战略，拉长产业链，加强资源优势向经济优势的转化。小水电的发展，每年产生 8 亿 kW·h 的富余电力。县委县政府提出"让外商发财，求当地发展"的口号，以低电价吸引资金，把优惠电价作为招商引资的王牌，吸引了一批外来企业落户乳源。1999 年，在优惠电价的感召下，深圳东阳光实业总公司在乳源县建成国内最大箔生产基地。2014 年，该公司销售额达 72 亿元，为当地解决就业 8500 人，创造税收 3.1 亿元。张德江委员长来此调研时指出：乳源东阳光实业公司的发展，创造了"一个厂带活山区一个县的典型"。

三、小水电成为新农村建设的火车头

小水电产业的发展增加了镇、村集体经济收入，解决了农村大量富余劳动力的

泉水水电站大坝

就业问题，促进了第三产业的崛起，加快了农村城镇化的进程，对于农村的脱贫奔康作出了巨大贡献。小水电站为农村富余劳动力提供了重要的就业机会，全县418座电站共吸收职工6300人，其中70%以上职工来自农村。在偏远山区每建设一座水电站，都会带动当地"三通"，即路通、电通、电话通，还有在教育、有线电视、饮水、合作医疗等方面都有来自小水电的大力支持。该县的深洞村地处偏远，交通、通信严重闭塞。该村在黄连水电站建成后，为当地修建公路、提高农民收入的同时，也让当地许多原来娶不上媳妇的大龄男青年摘掉了"光棍"的帽子。

四、水电开发带动社会公益事业的发展

全县以开发小水电为主的造血型项目，帮助发展镇和村级集体经济，促进新农村建设。通过有经济实力的单位实行帮扶的办法，发展县内的横向经济联合，改善了偏远山区生产、生活条件。

银源水电有限责任公司是县属全资国有企业，现有泉水水电厂、自来水公司、电产公司（路灯）、污水处理厂等8个分子公司，这些公司的运营资金主要来源于泉水水电厂的发电收入。2008—2010年，银源公司投资约4470万元建成乳源县污水处理厂和相配套截污管网。现污水处理厂处于亏损状态，仍需银源公司不断投入保障其正常运行。近年该公司承担自来水可覆盖范围内的全县农村饮水安全工程和"村村通自来水"工程的建设任务。目前累计解决120多个自然村的农村饮水安全问题。该公司每年还承担县城路灯维护费用60万元。

据县基层办主任、组织部副部长苏葵介绍，为提高贫困地区造血功能，在基层办（现已改由扶贫办）牵头组织下，整合全县扶贫开发资金交给企业，再由企业以每年15%的比例分红给指定贫困村，每个村每年4万~5万元。银源公司目前负责60个（全县共102个）行政村，每年支付分红款165.75万元。县扶贫办提出下一步由该公司再解决19个行政村的扶贫分红款问题。

五、乡规民约助推和谐水电健康发展

乳源县认真贯彻落实广东省一系列鼓励小水电开发的方针政策，实行多家办电，

114

推行"自建、自管、自用",广辟资金渠道,鼓励股份合作制、集体或个人投资办电,为全县水电建设的健康发展奠定了坚实的基础。

洛阳镇洛阳村1982年修建了寨角电站,装机容量1000kW。2005年实行股份制改革,村委会占股51%,其余49%的股份由全体村民持有。全村786名村民采取永久性长期入股方式,每人投资2200元参加了电站股份,平均每位村民每年从电站分红500元,村委会每年收入约60万元。村委会统一规划布局,实施建房奖励措施,按村统一规划建房的每户奖励1万元。目前,全村6个村小组212户全部按照统一

规划，兴建新村，已全部入住舒适的楼房，总投入资金 1000 多万元，其中村委会投入约 300 万元。村委会投资改造公路 7.4km，解决了村民有路难行问题；出资为全村村民参加农村合作医疗；免费提供泉水村民每人每月用电 15kW·h。洛阳村先后被授予省级"民主法治示范村""规范化达标调委会"，市级"文明村""尊师重教先进单位"，县级"先进基层党组织""平安村""农村基层组织示范村达标单位"等荣誉。

除自己建设水电站外，村集体与所在区域内的各水电企业签订协议，以资源费、管理费、补偿费等不同形式，从电站业主获取一定数额的经济补偿，一方面，形成了村民稳定的收入来源；另一方面，也融洽了水电站业主与当地村民之间的和谐关系。从洛阳村的下洛水村小组村务公开信息看到，该村民小组每年从辖区内的 8 座小水电站，收取水电站管理费 20 余万元，全组 102 人，加上村委会寨角水电站分红，人均每年分红 3000 元以上，约占该小组人均年收入的 50%。

六、依托水电开发守护粤北绿色屏障

随着农村用电的普及，农民生活不断改善，利用优惠的电价、优惠的电量，以电代柴实行电炊的农户逐渐普及，乱砍滥伐的现象得到有效控制，对保护森林资源、改善生态环境、治理水土流失发挥了重要作用。

南岭国家森林公园位于乳源县北部，属乳阳林业局管辖。该局成立于 1958 年，前身是森工企业，拥有 46 万亩的国有林场。随着多年的砍伐，森林资源越来越匮乏，林场也开始思考产业的转型。20 世纪 80 年代至 2005 年，林业局共建设小水电站 11 座，总装机容量 1.628 万 kW，年发电量 6000 万 kW·h，收入 3000 多万元，占全部林业局收入的 90%。1998 年，国家天然林保护政策的出台，要求林场全面禁采，实现从砍树到护林的重大转变。当时林业局拥有在职职工 400 多人，退休职工 700 余人，在全面禁采令后无一人下岗，仅电站就消化吸收 250 人，形成了"以林涵水，以水发电，以电养林，以林发展生态旅游业"的良性循环。1993 年，经林业部批准成立南岭国家森林公园。1994 年，森林公园成为南岭国家级自然保护区的一部分。2012 年，森林公园被评为国家 AAAA 级旅游景区。如今，这里已成为广东最大的原始森林留存地，最大的天然氧吧，最大的瀑布群所在地，广东最大的国家森林公园，也是“广东省森林生态旅游示范基地。”

七、增效扩容改造为小水电发展注入了新活力

乳源县的水电建设起步较早，受当时技术、经济等条件的限制，加上多年的运行，许多水电站出现了老化，效率降低，存在安全隐患。根据全国的统一部署，自 2013 年始，逐步进行增效扩容改造。前文提到的泉水水电厂，正在进行增效扩容改造，工程投资总概算 4514.22 万元。据测算，改造完成后，与前 3 年平均相比每年可增发电量 1500 万 kW·h，增加产值约 750 万元。洛阳村的寨角水电站近 3 年机组综合效率仅有 57.46%，增效扩容改造后，装机容量由原来的 900kW 增加到 1000kW，机组综合效率达 82.3%，年增加产值约 60 万元。乳阳林业局所属 4 个电站，投资 1817.23 万元进行增效扩容改造，总装机容量由原来的 8500kW 增加至 11810kW，增容比例 38.9%，年增加产值约 480 万元。

“十二五”期间，全县农村水电增效扩容改造项目 21 个，改造前装机容量 6.29 万 kW，年均发电量 2.38 亿 kW·h，改造后分别增长 14.3% 和 24.1%，预计年增收约 3000 万元。

八、科学管理谱写水电可持续发展新篇章

目前，乳源县水电开发建设已接近尾声，今后的主要工作是挖潜增效，科学管理。县委县政府提出“绿色乳源”的发展理念，把合理开发利用资源，实现人与自然和谐共处作为贯彻落实科学发展观的具体体现。坚持统筹规划，加强依法治水、依法治林的管理力度，实现“以林涵水，以水发电，以电护林。”乳阳林业局开发的 11 座水电站，地处南岭国家森林公园，开展绿色水电建设成为今后水电建设管理的新课题。乳源县有 418 座小水电站，多数为个人或村集体管理，管理水平较低。如何提升管理水平，加强安全监管，确保电站安全是政府部门的重要而艰巨的任务。一大批早期建设的小水电站已经设备老化，效率低下。“十二五”期间完成改造的 21

座水电站，增效扩容综合效益非常显著，还有很多改造潜力较大的电站急需改造。在水电资源管理方面，一些电站业主和村民之间通过乡规民约达成一致，各得其所，促进了和谐水电建设。下一步要进一步规范管理。广东省以深化农村综合改革为契机，正在全面推进农村集体"三资"管理服务平台建设，乳源县也在积极实施。该平台具有资金管理，资产监管，资源监管三大功能，在促进农村集体"三资"规范管理和保值增值的同时，更好地预防和化解社会矛盾，实现和谐共赢。

（作者单位：水利部水电局）

放下斧头　守护绿色　以电养林的成功典范

陈大勇　张玉卓

南岭森林公园

　　南岭国家森林公园位于广东、湖南两省四县交界处，北江支流武江的上游。森林覆盖率97%，被誉为"南岭明珠，物种宝库。"这里有广东最高峰——石坑崆，海拔1902.00m。这里是广东最大片的原始森林留存地、最大的天然氧吧、最大的瀑布群所在地，广东最大的国家森林公园，也是"广东省森林生态旅游示范基地。"

瀑布神韵

春至南岭

　　然而，这片示范基地也曾经经历过生与死的考验。

　　1958年，几百名伐木工人扛着斧头，浩浩荡荡开进这片林区，开辟了46万亩的国有林场，进行轰轰烈烈的砍伐作业，一家省级重点的森工企业正式成立，2001年正式更名为直属省林业厅的乳阳林业局。几十年来，几代林业工人艰苦奋斗，风餐露宿，无私奉献，源源不断地为国家经济建设供应木材。与此同时，秀美的南岭在一年年透支着自己的身体，林木资源的质量开始下降，水土流失、生态环境恶化开始显现，林场也开始思考产业的转型。1998 年，国家天然林保护政策的出台，要求林场全面禁采。林业工人要放下手中的斧头和油锯，实现从砍树到护林的重大转变。

林业工人不砍树了，靠什么生存？国家给予生态林补偿每亩仅有 24 元，远远不能满足林场的开支。林业工人下岗了如何安置？如何守护这 46 万亩绿色屏障？乳阳林业局在 20 世纪 80 年代就意识到了单一的森工经济已经不可持续，开始尝试产业转型，利用林区水能资源开发小水电成了他们的首要选择。

20 世纪 80 年代至 2005 年，林业局共建设小水电站 11 座，总装机容量 1.628 万 kW，年发电量 6000 万 kW·h，收入 3000 多万元，占全部林业局收入的 90%。目前，林业局拥有职工 400 多人，退休职工 700 余人，在全面禁采令后无一人下岗，仅水电站就消化吸收 250 人，形成了"以林涵水，以水发电，以电养林，以林发展生态

森林公园

旅游业"的良性循环。

在保护中开发，在开发中保护。水电开发使林业职工摆脱后顾之忧，集中精力投入到森林资源的保护中。1993 年，经林业部批准成立南岭国家森林公园。1994年，森林公园成为南岭国家级自然保护区的一部分。2012 年，森林公园被评为国家AAAA 级旅游景区。自 2010 年，森林公园与东阳光公司合作开发旅游，2015 年林业局从旅游门票分成 500 万元。根据合作协议，计划在 5 年内将南岭公园建设为国家 AAAAA 级旅游景区，促进森林生态旅游业的发展。

"十二五"期间，乳阳林业局 4 个水电站进行增效扩容改造，改造后装机容量由原来的 8500kW 增容至 11810kW，增容比例达 38.9%。改造总投资 1817.23 万元，其中国家补助资金约 1000 万元。改造完成后，预计年平均增发约 1000 万 kW·h，增收约 500 万元。小水电将继续为林业局职工守林护林提供强有力的保障。

（作者单位：水利部水电局）

小水电带来大改变

—— 广西龙胜各族自治县大云水电站电气化项目建设纪实

广西水电发展局

大云村位于广西龙胜各族自治县瓢里镇东部，与龙盛镇毗邻，距离政府所在地3km，距离县城也仅有18km的距离。2009年以前，"晴天尘土飞扬，雨天一路泥泞"却是大云村的真实写照，坑洼不平的泥土路给当地村民的出行带来了极大的不便。而如今，3.5m宽的水泥路面直达村头，各家各户的入户道路也全部硬化，村民们纷纷开始添置电器，一些村民家里电视、电磁炉、电冰箱等设备一应俱全，不时还有村民开着自己的小车出入。是什么让村民的生活发生了如此大的变化？那得从位于大云村的小水电项目大云水电站说起。

大寨梯田——广西龙胜县

大云水电站装机容量11000kW，为河床式水电站，装设2台发电机组，总库容1695万m^3，拦河坝高27.5m，坝址以上集水面积2131km^2，设计多年年平均发电量4961万kW·h，项目总投资1.55亿元，被列为国家"十二五"水电新农村电气化项目。水电站于2008年年底正式动工建设，2012年3月建成并网发电。项目的建设给大云村带来了翻天覆地的变化。

一、项目建设，促进当地经济发展

大云村的村民之前主要依靠种养或外出打工维持生计，大云水电站项目启动后，提供了大量的用工需求，村民们在家门口就可以打工，同时还可兼顾家里的种植与养殖，部分头脑灵活的村民还购置了大货车，为电站建设运输建材，或是承包了项目砂石料的供应。在电站建设高峰期时，在电站工作的村民多达七八十人，项目建设的 11 万 m³ 砂石料大多来自村民的供应，水泥等其他建材的运输也处处可见村民的身影。大云电站的建设，极大地解决了当地村民的剩余劳动力，拓宽了村民发家致富之路。

大云电站投产以来，年均上网电量达 4600 万 kW·h，目前上网电价为 0.3 元/（kW·h），年均发电收入近 1400 万元，年缴纳各种税费约 60 万元，为当地的经

济发展做出了贡献。

二、改善交通，推动村民发家致富

水电站修建前，交通的不便利成为了当地村民发家致富极大的障碍。项目启动后，项目业主对原有村道进行了平整拓宽，出资修建了一条长约 3km、宽 3.5m 的进村道路，这条宽阔的道路不仅满足了大云水电站的施工需要，更为当地村民此后大步迈向致富路打下了坚实的基础。

路宽了，交通方便了，发家致富之门打开了！过去，由于交通不方便，村民仅靠种植水稻和养殖猪、鸡鸭等维持生活；交通条件得到改善后，村民积极性高了，种植了罗汉果等经济作物，收成后商家老板直接开车到村间地头收购，大量减少了劳动力，部分村民做起了石头生意，还有村民开办了小工厂，人均收入逐年增长。水电站修建前，2008 年村民人均收入仅为 2500 元，而到了 2014 年，村民人均收入达 6000 元，收入增长到原来的 2.4 倍。收入高了，一些村民买了客车和货车做起了生意，部分村民还当起了包工头承接工程劳务，村民的致富之路越走越宽。

三、保障用电，改善当地生态环境

电站修建前，大云村村民 2008 年用电量仅为 5.96 万 kW·h，到了 2014 年，村民用电量达到 12.18 万 kW·h，用电量翻了一番，当地电网更加的稳定，村民的用电得到了更好的保障，还实现了城乡同网同价，电费有所降低，越来越多的村民选择了更为便捷的用电做饭，替代传统的烧柴做饭。电饭煲、电磁炉这些电器的普及，一方面，减少了村民上山砍柴的工作量，解放了劳动力，可将更多的精力用于生产或其他的工作中；另一方面，随着村民烧柴的减少，当地的森林植被也得到了有效的保护，巩固了退耕还林的效果，减少了水土流失，改善了当地的生态环境，小山村变得越来越秀美。

四、设施完善，提高村民生活水平

水电站建设过程中，项目业主投入部分资金，为村民铺设了自来水管道，解决了人畜饮水的难题，家家户户用上了方便、卫生的自来水。在大云村修建群众文化楼等公共设施的过程中，项目业主也出钱出力。为保证村民们能够开展可持续性的文化活动，电站每年都出资赞助大云村在五四青年节、重阳节等节日开展各种文体活动，极大地丰富了村民的精神文化生活，村民生活品质日益提高。

大云水电站的建设，不仅有效利用了水能资源，加快了当地水电基础设施的建设与发展，还推动村民走上了发家致富的道路，改变了村民的生活方式，提高了村民的生活水平。随着村民们生活水平的提高和频繁的与外界交流，他们在思想上也产生了巨大的变化，思维与视野都得到了大幅拓宽，与外界越来越融合。大云村的物质、精神文明建设取得了较大的成果，达到了水电新农村建设的重要目的。

苍山欢笑水飞歌　生态惠民促和谐

—— 记广西百色市德保县小水电代燃料项目

广西水电发展局

走进位于广西百色市德保县的大山深处的古涅屯，纵目所及，首先映入眼帘的是青翠的山木、潺潺的流水和整洁的村容。到晚饭时分，村中并没有冒气炊烟，四下寻去也不见在我们印象中村落墙角堆积成山的木材。透过明亮的灯光，能看到几户敞开门窗的乡亲正在餐桌前享用美食，粉刷得雪白的墙壁下，电磁炉、冰箱、电视这些电器设施一应俱全。灯光映照着不远处的青山，亲友、邻里之间一派和谐的景象，此刻的古涅屯颇有一种陶渊明笔下桃花源的意境，而这个现代桃花源近年来的变化，德保县小水电代燃料项目建设功不可没。

小水电代燃料项目的主要任务是在保护生态的基础上有序开发利用农村水能资源，为山区农民提供低价的代燃料电作为生活能源，减少项目区森林植被的砍伐，改善和保护生态环境。在德保县确定的"小水电代燃料"试点项目区，分布于德保县的退耕还林区、天然林保护区及水土流失重点保护区，具有一定的典型性。一直以来，项目区的群众生活燃料主要以木材为主，如果任由这种情况继续发展，可能会造成水土流失，生

项目验收会

态环境恶化，甚至导致石漠化、洪水泛滥等极端天气出现。过度采伐将严重威胁到项目区群众的安全，给他们的生产生活带来巨大的安全隐患。

2009年10月，经国家发展和改革委员会、水利部批准，德保县被列为"2009—2015年"小水电代燃料扩大试点项目县之一。试点项目区分布在城关

代燃料项目区

镇的那温村和足荣镇的义备、那亮村，项目区共计有代燃料户2612户，人口10448人。

为了确保试点项目的顺利实施、长期有效运行和生态、社会效益的实现，德保县注重抓好试点项目动作的规范化管理。一是在电源点建设完成后，明确和建立了"三权分离"的管理体制；二是组建了县一级小水电代燃料用电协会，制定了协会章程，并将协会组成员在项目区张榜上墙公布；三是县政府与乡（镇）政府、乡（镇）政府与村委分别签订了《小水电代燃料目标责任书》，明确各自的任务、目标和职责；四是项目法人与供电部门签订了《代燃料电能并网协议》，规范供电和代燃料户的行为；五是县代燃料领导小组制定了小水电代燃料一户一证、供用电和生态环境保护责任等管理制度和办法，共发放《小水电代燃料用户证》2612本。同时，各有关单位组织精干技术力量，开展用电知识培训，让项目区群众进一步了解电、掌握电、利用电，确保群众用得上、用得起、用得好、用得安全，充分发挥小水电代燃料工程的作用。并且，德保县还按上级相关文件精神要求，认真抓好项目的自检验收和经验总结工作，查缺补漏，硬件和软件同时抓，确保小水电代燃料扩大试点工程圆满成功。德保县水利电业有限公司也积极地配合德保县委、县人民政府进行了如下工作：一是负责对实施方案所确定的3个行政村共2612户，以380V／220V实施小水电代燃料供电；二是供电电能质量符合国家标准，数量按代燃料户均1000kW·h/年供给；三是实行小水电代燃料到户电价不高于实施方案批复的0.42

元/（kW·h）（全年不分丰枯）；四是加强对供电设备的维护和巡回检查制度，对发现的事故隐患及时、妥当处理；五是供电设备正常检修计划停电时，提前通知用户，因限电等原因无法正常提供代燃料供电时，及时通知用户。并且，德保县水利电业有限公司还对项目的电源点多罗二级水电站进行了增容技改，确保项目能够顺利实施。

随着项目的建成，项目区的电源点多罗二级水电站新增装机3200kW，可以长期解决2612户居民的生活燃料，同时户均代燃料装机容量为1.225kW。根据测算，实施小水电代燃料后，按每户年烧柴5000kg来计算，项目区年减少薪柴用量13060t；保护森林植被和天然林面积31344亩；减少二氧化碳、烟尘等有害气体排放13983t。有了健康的生态环境，项目区群众的身体健康、生产生活条件得到了充分保障。

多罗二级水电站大门

多罗二级水电站新建厂房

通过项目的实施，项目区改电线路总长31.5km，改造厨房灶台1350户。"以前烧火煮饭做菜要花一两个多小时，三天两头就要上山砍柴，烧起火来家里到处黑乎乎，烟尘滚滚，还容易发生火灾。现在淘好米放在电饭煲里一开电，一会儿就熟了。煮饭同时炒菜，天冷了就用电火锅，饭菜保持热乎乎的。这都是以电代柴给我们

机组

带来的方便。"古涠屯村民农国包满脸喜气地介绍着项目为他们一家带来的方便。过去烧柴、烧煤烟熏火燎，不仅把村民家中的墙壁熏得发黑，还极易引发呼吸系统疾病，实施小水电代燃料后，可以预防和减少这类疾病的发生。项目区农户改变了靠薪柴煮饭、取暖的传统生活方式，用上了电水壶、电饭煲、电磁炉、电热水器等生活设施。劳累了一天的村民回到家中，打开电热水器，就能舒舒服服地洗上热水澡，这不仅仅驱散了全身的疲劳，更能温暖着群众的心窝。年迈的老婆婆熟练地操作着豆浆机，自家产的土黄豆不到一会儿就变成了热气腾腾、清香扑鼻的新鲜豆浆，这股清甜不仅仅甜在她的嘴里，更是甜到了她的心里。"（以电代燃后）生活对比起来大不一样，冷天用一根'藤'（电线）接上，马上可以烤火了，都不用烧柴烧炭，小孩在外都不用担心我们老人在家用柴。"古涠屯留守老人农仕开高兴地说。

项目实施前户均砍柴年需约 40 多个工日，项目实施后 2612 户每年可以节省 10 万多个工日，通过外出务工或从事其他创收劳动，农民可以增加收入 653 万元，户均增加收入 2500 元，经抽查走访项目区农户，反映良好。项目的实施，促进了项目区供、用电基础设施的改善，方便、快捷、清洁的能源，减轻了农村妇女家务劳动，有利于农村劳动力的转移，增加收入，促进农业产业结构的调整，经济效益显著。

"以电代柴富万家，万家欢乐；圆生态梦惠百姓，百姓安康。"这正是包含古涠屯在内项目区所有村屯的真实写照。

凤凰湖边的变化
—— 大王滩水电站增效扩容改造纪实

雷 航

"山秀水美小径幽，丹青一幅眼底收。世人虽羡太湖景，却恋凤凰湖上游。"凤凰湖说的不是别处，正是大王滩水库。

大王滩以秀丽的江南湖光山色和恢宏的现代水利工程而著称，人称首府南宁的"后花

大王滩晚霞

园"，2002 年被评为国家级水利风景区。大王滩水电站为水库坝后电站，坐落于美丽的凤凰岭下，被人们美称为凤凰湖，湖面面积 38km²，湖区植被良好、水质优良、无污染，被列为南宁市城市供水远景规划的备用水源之一。水库坝址以上集雨面积907.5km²，设计正常蓄水位 104.40m，相应库容 6.38 亿 m³，有效库容 1.24 亿 m³，为年调节水库。经过多年建设，如今的大王滩水库已建成集防洪、灌溉、发电、旅游等功能于一体的大 (2) 型水库。

大王滩水电站建于 20 世纪 90 年代，属坝后引水式水电站，水轮机最高水头30m，设计水头 22.7m，最低水头 18m，水电站设计流量 10.2m³/s。水电站枢纽建筑物包括水库拦水坝、发电引水建筑物、压力钢管、厂房及升压开关站。电站建成以来，源源不断地为当地提供电力，为邕宁区及周边地区的工农业生产、电力事业的发展和繁荣做出了较大的贡献，创造了较好的经济效益。

　　然而，1995年正式投运的大王滩水电站，经过10多年的运行，也开始面临严重的损耗。

　　（1）水电站发电经常出现弃水，水资源得不到充分利用，甚至有了十年九排水库之称。

　　（2）水轮机转轮汽蚀严重、导水机构锈蚀明显，效率明显下降；发电机噪声增大，轴瓦磨损严重。

大王滩一副坝

　　（3）水电站没有检修间和电站运行管理房，运行维护和检修工作极为不便，水电站破旧建筑与水库秀美山水不相协调，影响大王滩水库旅游环境。

　　为消除水电站存在的安全隐患，提高水电站运行效率，改善旅游环境，"十二五"规划把大王滩水电站列为增效扩容改造项目之一。大王滩水电站原2台机装机容量共3600kW，增效扩容改造后，水电站装机容量增加到4000kW，机组效率得到明显提高，机组额定流量从原来的8.46m³/s增加到10.2m³/s，使水库能源得到更加有效的利用。年平均发电量可达1357万kW·h，比原发电量1000万kW·h多发电357万kW·h。

　　大王滩水电站除发电外还兼顾水库的水位调节。由于原机组容量小，效率低，未能充分利用压力水管的输水能力，经增效扩容改造后，水库水位的调节能力得到了提高，灌区农田灌溉及周边地区人饮用水得到了保障。

　　此外，在增效扩容改造时进行了综合自动化的改进，采用计算机监控系统实现闭环控制方式及"无人值班，少人值守"的运行管理模式，建设检修间解决了原先检修和运行维护困难的问题，把原户外式升压站改造成户内式升压站，不仅能够让出原升压站宝贵的土地资源供旅游开发和湿地公园建设，还大大方便了运行操作和日常巡视，提高了升压站的运行可靠率。

　　为了最大限度地减小对水库自然环境影响，增效扩容改造过程中的施工采取了一些行之有效的环境保护措施，如开挖土石方裸露的土石层表面及时种植草皮护坡，防止水土流失；施工弃土弃渣需运往弃土场堆放，并及时进行种植林木等，这些措施使得大王滩水库风景更显秀丽。

如今的大王滩水电站已经融入了水库旅游景区，增效扩容改造工程，使得水电站的年发电能力得到显著提高，不仅改善了水电站的环境，增加了大王滩风景区的观赏性，更为广西水电科普教育和广西水电职业技术学院实训提供了良好场地，为当地旅游经济的长足发展提供了源源不绝的动力，可谓"功在当代，利在千秋"！

（作者单位：广西水电发展局）

推动生态能源还绿于林　旅游风生水起
—— 广西贺州八步水晶塘二级水电站侧记

雷 航

地处湘、粤、桂三省交汇处的贺州，自古以来就以土瑶这一最大的瑶寨支系的独特的文化吸引着中外游客。然而，由于历史原因，黄洞乡都江河周边村屯村民世世代代以烧柴为煮饭、取暖的唯一燃料，极大地破坏了该地区的自然生态平衡。而

广西贺州玉石林风光

近年来，黄洞瑶族乡的瑶寨风光和竹林风景，再次成为旅行者们追捧的休闲度假胜地。"赏瑶寨竹林美景，品瑶寨养生美酒"成为当地旅游的一个亮点。这都得益于政府大力推动的生态能源建设。自 2002 年以来，政府累计引进投资 2.5 亿元开发了都江河、青湾河、石门河水资源，兴建小水电站 12 座。特别是 2009 年在黄洞乡都江河兴建的小水电代燃料项目水晶塘二级水电站，让项目区的农民放下了砍柴的斧头，拆除了烧柴的炉灶，做饭的炊具变成了电磁炉、电饭锅，瑶家过冬的取暖设备也从煤、材火炉变成了电取暖器。生活燃料问题解决了，农民便不用上山砍柴，森林植被和生态环境得到了有效的保护，山更青、水更绿了。

一、政府企业合力推动生态能源建设

2010 年 1 月开工建设的八步区水晶塘二级水电站位于八步区黄洞瑶族乡，水电站装机容量 2600kW，项目区代燃料户为 2430 户，代燃料人口为 11212 人，年用电量为 291.6 万 kW·h。八步区确定为小水电代燃料项目区以后，当地政府高度重视，专门成立了小水电代燃料项目实施领导小组及办理机构，协调工程建设中的各种困难，使项目推进十分顺利。于 2011 年 12 月便开始投产，年发电量为 600 万 kW·h，年创利税 15.6 万元，实现了农民受益，企业创利的良性效益。

二、代燃料工程成为农村建设的助推剂

通过实施小水电代燃料生态工程，农村、农业基础设施，农民生产、生活条件都得到进一步的改善。农民生活方式改变了，生活水平和质量提高了，小水电代燃料工程成为了农村现代化文明建设的一剂强有力的助推剂。

一是推动当地经济发展。水晶塘二级水电站工程项目启动后，提供了大量安置劳动力的机会，作为山区基础产业，不断发展壮大，增加地方经济收入，也增加了当地财政收入和国家税收。

二是推动当地精神文明建设。通电面的扩大，农村加工机械逐步增多，减轻了繁重的体力劳动，促使劳动转移和产业结构调整。项目区广播电视覆盖率也相应提高，农民通过电视学习科技了解市场信息，看到了外面的世界，知道了党的政策，

生活方式改变，思想观念更新，摆脱了愚昧和落后，促进了科学、文明的进步。

三是推动劳动力的解放。项目区用电有了保证，农民不再上山砍柴了，此前用在砍柴上的人力成本，便转到外出务工或从事其他创收活动上来。

四是推动相关产业发展。村村通电，户户用电，电气产品便逐步在当地村民家中普及起来，从而扩大了电气产品销售，也促进了工业企业的发展。

三、还绿于林，改善生态，旅游风生水起

小水电代燃料水晶塘二级水电站项目区所在地黄洞乡和南乡镇全部为山区，不单水能资源较为丰富，还是环境优美旅游胜地，省级自然保护区——滑水冲自然保护区就在项目区内。代燃料工程的实施，使项目区群众彻底改变了传统烧柴做饭、取暖的落后生活方式，摆脱了烟熏火燎之苦，不仅取消了生活污染，改善了人居和生态环境，还解放了大量的劳动力。当地群众通过开展农家乐、竹林游和月湾茶园等一批层次高、项目内容丰富的乡村休闲旅游度假点，收入显著提高。

可以说实施小水电代燃料生态工程是保护旅游资源，美化环境，实现"旅游兴区"的关键所在。八步区政府通过实施小水电代燃料工程，实现了山更青、水更绿、天更蓝，并利用生态资源丰富、自然风光秀美的独特优势，推进了休闲度假、生态文化、乡村旅游的全面发展，八步区得以还绿于林，旅游发展风生水起。

（作者单位：广西水电发展局）

和谐发展春风至 "以电代燃"耀民生
—— 广西巴马县金边小水电代燃料项目工程建设侧记

广西水电发展局

改造前的电站厂房全貌

改造后厂房全貌

　　来到巴马这个著名的世界长寿之乡，人们不难发现，在这人口不到30万人的山区小县，处处是青山，环环见绿水。宽敞整洁的道路，窗明几净的小洋楼，每家每户，厨房里电饭锅、电磁炉、电冰箱等家用电器满满当当，一字排开。冰箱里储存着新鲜的蔬菜、肉品、水果。一看就知道，这里的人家日子过得实在是殷实、惬意。

　　每当夜幕降临，各村各寨已经看不到农村常见的缕缕青烟，可是到处都是扑鼻而来的饭菜香味和万家灯火通明。

　　在明亮的灯光下，宽敞的餐厅里，有的全家人围坐用餐，有的好友举杯相庆，这里的孩子孝敬老人，这里的邻里互相谦让，这里的百姓安居乐业，到处都是其乐

改造前的引水闸门　　　　　　　　　　　　　改造后的引水闸门

融融的和谐景象。

巴马瑶族自治县甲篆乡地处山区，也是巴马著名旅游景区的聚集地，群众过去都是靠柴薪取暖做饭，生活着实也算自给自足、其乐融融。但是随着社会的进步和巴马旅游事业近几年来的快速发展，这里的人口逐渐增多，慕名而来的游客和"候鸟人"也越来越多，这里本来也算殷实的生活条件已经开始无法满足当地日益增强的物质生活需求。因祖祖辈辈都是靠山吃山，附近山上的木柴逐渐被砍光，就要到更远的山头去砍柴，年复一年，日复一日，严重破坏了生态环境，也加剧了水土流失。虽然大家都知道用电会带来很大的方便，但过高的电费和过低的收入，使大家都望而却步，也一度把"用电煮饭取暖"当成了一种美丽的梦想。

2011年，巴马县被列入小水电代燃料建设项目县之后，该县初步将甲篆乡甲篆村的烈屯、拉累屯、金边屯、那同屯以及周边地区作为项目区，项目覆盖有1600户共6385名农村人口。项目的实施，开始为实现这个"用电煮饭取暖"的梦想带来了希望。

为确保项目顺利实施，巴马县委县政府高度重视，多次召开专题会议进行研究，成立机构、因地制宜、科学规划、拟定方案、落实责任、扎实推进。在规划、建设过程中，巴马确定了电网和项目区都比较近的金边水电站作为项目电源点，千方百计筹措建设资金1510万元，进行水电站扩建改造，使水电站装机容量从原来的400kW增加到1600kW。同时，通过电网改造大大提高了供电可靠性，为小水电代

改造前的控制屏

改造后的控制屏

燃料项目的实施打下良好的基础。同时，有关人员多次深入项目区，广泛宣传小水电代燃料的重要性和相关政策，使广大代燃料用户明确了自己的权利、责任、义务，营造了积极参与项目点建设的良好社会环境和氛围。在社会各界大力支持与广大群众热情参与下，巴马小水电代燃料项目建设得以稳步推进。

据统计，通过小水电代燃料项目的实施，保护当地森林植被面积达 1.92 万亩，每年减少二氧化碳排放量 8830t。另外，通过实施小水电代燃料，项目区每年可以节省 64000 个工作日，电价也得到了相应的优惠，对带动项目区种植业、养殖业及农产品加工业的发展，增加群众收入，改善群众的生产生活条件起到了重要的推动作用，真正实现了项目区经济效益、社会效益、生态效益的和谐发展。

如今的小水电代燃料项目区，电量足了，电价也降了。群众在家电下乡的政策推动下，农民购买家电的热情增高，各式各样的电炊器大量进入农家。劳累一天的村民回家里，打开电热器的水阀，就能洗上舒舒服服的热水澡，升腾的热气不仅驱散了全身的疲劳，更温暖群众的心窝。越来越多慕名而来的外地游客和"候鸟人"，每天穿梭于这青山绿水间，真真正正体验到了"人在画中游"的绝妙仙境。

不见炊烟起，却闻饭菜香，小水电代燃料项目的实施，给巴马这个美丽神奇长寿乡的画卷又增添了一道亮丽风景。

春风又"眷"黄泥桩
—— 重庆武隆县黄泥桩梯级水电站增效扩容发展纪实

杨 波

黄泥桩二级厂房处在峡谷

30 年，镌刻在人们脸上的痕迹是轻浅的。半个年头，黄泥桩梯级电站的变革却是深刻的。

青山绿水，修竹成荫，枝繁叶茂，香气弥漫消散，这不是景区、公园，而是黄泥桩梯级水电站的生产厂区。

山水间的水电站，往往自成风景。

180 多个日日夜夜，一座濒临倒闭的水电站起死回生，华丽蜕变，那是"敢想敢干"的武隆人的智慧和勇气创造的当代传奇。

武隆人并没有沉醉在过去的成绩里沾沾自喜，他们优化思路，让辉煌的过去成为"思进思变思发展，创业创新创一流"征途上崭新的起跑线。

农村小水电站的蝶变，故事还在继续。黄泥桩增效扩容的佳话，仍被传诵。

从武隆县城出发，上南涪高速，辗转盘山泥石路，一路向西数十里，一个转弯之后，眼前豁然开朗，郁郁葱葱的山巅之下，前池、管道、厂房若隐若现。

身处其中，既能感受到山的宁静，又能品味到水的灵动。人在坝上走，如在画中游。

谁曾想，拥有如此美图的黄泥桩梯级电站，3年前，气若游丝。

黄泥桩梯级水电站属该县长坝镇政府的乡镇集体企业，也是较为典型的农村小水电企业。受老旧机组发电效能低下的制约，发电收入非常有限，导致水电站经营者无力出资进行电站设施、设备的维护和更新，又进一步导致水电站设施、设备更加老化，形成恶性循环。

"到2009年后，维修机器设备和安全管理的钱都没有。"该水电站负责人杨勇告诉记者，电厂原有职工42人，1年工资就得63万元，水电站的年销售额早已入不敷出。此时，厂里却没有一位职工主动要求离开，"职工跟厂的感情都很深。没办法，就给工人打欠条，1年多多少少结一次"。

天无绝人之路。2011年，中央启动全国农村水电增效扩容改造试点工作，曙光投进水电站。

抉择，再一次摆在水电站人面前，改还是不改。改，担心改后体制机制发生变化；不改，就只能是死路一条。

若非置死地而方能后生。胆大的水电站人卯足胆，改。

处于倒闭边缘的企业，仅靠国家补助的200万元专项资金，根本没法改。钱，从哪来？

反复思量，银行贷款首当其冲，职工筹集社会资本其次，也只能如此。

贷款给一个快倒闭的企业，谈何容易。杨勇说，那段时间，

黄泥桩水电站改造后机组状况

县水务局的同志，跑上跑下一起出谋划策，给企业打气助阵，稳定军心。而他则和几个职工起早摸黑，几乎踏平了各大银行的门槛，吃了不少的闭门羹。两个月的辛苦，贷款有了眉目。随后，150万元的银行贷款到了企业账目。

此时，"家"里的职工也通过亲戚朋友，筹措了部分，加上社会资金一共120万元。"当时也只有凭感情论交情，打借条，按照银行的贷款利率年底结息。"

2012年4月，增效扩容所需资金的事儿，迎难解决。

俗话说，趁热打铁好办事。

资金落了地，动工也就显得水到渠成。但现实，却给了水电站人狠狠的一巴掌。

黄泥桩水电站地处深山峡谷地带，交通极为不便，施工环境十分恶劣，机具和材料根本无法入场。

修路，成了增效扩容改造的首要关卡。"改造一级水电站时，忍痛花78万元修建了1.5km的公路，解决机组，材料入场的问题。"主管电厂生产技术的杨大怀说，县水务局负责增效扩容改造技术的只有两个人，对于改造而言，时间就是金钱。动工前，根据工程实际倒排时间节点，层层签订责任状，绑定参建单位的安全责任。

"为赶进度，很多人吃住都在工地，工程虽承包给了承建单位，却只有盯着才觉得安全，才觉得踏实。"县水务局负责增效扩容改造项目指导的徐学炳告诉记者，三班24小时施工是常态，一线指挥，一线工作，问题一线解决，成效一线体现是

准则，安全教育、检查更是家常便饭，质量环环交验，更是一把铁尺。"质量是工程的命，当天的工程任务量必须当天完成，且只要上一环节未通过质检就不得进入下一环节。"

一级水电站修路让机具、材料顺利入了场，眼见着快要完工。处于峡谷中部，山势陡峭的二级水电站和峡谷下游的三级水电站该如何解决？

再次花钱在山中开路，代价太大，钱受不了；人工搬运，一包水泥的搬运费远高于水泥本身的价值。

反复思量研究与论证，在两山间架设索道，将机组设备与主要材料吊装投放成为改造二级水电站的"生力军"；移平河道作为临时公路，将设备与重要建材抢在汛期前运抵施工现场，是三级水电站改造中不是办法的办法。

2012年6月动工，2012年12月底完工，2013年1月并网发电正式运行，水资源利用率提高了38%，新增装机容量460kW，新增年发电量186万kW·h，年收入新增128万元。

一年改造任务用半年时间干完，其中艰辛，不言而喻。

"改造后，机组出力可以增加，发电消落和发电腾库的能力增强了，安全隐患将得到根本解决，防洪减灾能力将大大增强。"杨勇说，增效扩容改造后，三个梯级水电站联网、梯级调度、远程操作、自动调控，均在10km以外的远程集控中心点击鼠标即可，职工更是从42人突变成了现在的6人，真正做到"无人值守、少人值班"，还可以使水电站在保证可靠性和满足电能质量的前提下，实现三个梯级水电站经济效益最大化。"

黄泥桩一级电站厂房

如今，水电站经营负即转正。

在武隆小水电增效扩容的一盘棋中，黄泥桩梯级水电站无疑是其中的点睛之笔，起到了牵一发而动全身的关键作用。

农村水电扩容改造除了提高老旧水电站的经济效益与安全性能外，另一大效益是促进节能减排。

"开展农村水电增效扩容改造，是发展可再生能源、促进节能减排的迫切需要。农村水电增效扩容改造不需要移民，不增加环境负担，开发成本和电能质量均优于风能、太阳能等同类能源。"徐学炳说，黄泥桩梯级水电站增效扩容后，新增发电量相当于节约560t标煤，减少二氧化碳排放量1867t，减少二氧化硫排放56t，通过流域整治，有效保护了两岸水土与植被，生态效益更是不可估量。

古人云，吃水不忘挖井人。黄泥桩梯级水电站的人没忘，更用实际行动证明那不是一句空话。

黄泥桩水电站厂区

"水电站一直没忘了当地百姓，用电补贴更是让群众看到了实实在在的实惠。"前进村村民梁昌隆告诉记者，水电站每年为周边740户2560人实行用电补贴，补贴0.09元 / (kW·h)，"看似钱不多，但是人心暖着呢，每年怎么遭也得好几万，企业的社会责任他们办得很好。"

除了用电补贴，从2013年起，黄泥桩梯级水电站每年都为长坝镇前进村、民主村60岁以上的老

黄泥桩梯级水电站集控中心

人每人每年100元的生活补贴近2万元；长坝镇到前进村的4km公路硬化，民主村英雄农业社25km的人行便道，前进村5km的渠堰整治，增效扩容后的黄泥桩梯级水电站建立了一系列强农惠农的长效机制，实现了与村民们共享生态红利。

大山无言，展开磅礴臂膀筑起生态屏障，守护增效扩容后的黄泥桩梯级水电站；大山作证，现在的黄泥桩梯级水电站正源源不断地为生态保护加码。

经济效益、生态效益与社会效益的并驾齐驱，让武隆的小水电看到了增效扩容后实实在在成绩，这已成为整个武隆山区共同的选择。

（作者单位：武隆日报社）

大山人的电气化生活
—— 重庆柏枝山小水电代燃料项目实施区见闻

黎 明

项目区林地

2015 年 5 月 14 日中午，下工回家的村民廖泽栋打开电饭煲，淘米下锅，从冰箱里取出肉、鸡蛋等材料，然后在电磁炉上炒菜。不到 20min，饭菜上桌。

走进南川区头渡镇柏枝村 1 社村民张祥英的家，电磁炉、电饭煲、电热水器等一应俱全。

4 年前，柏枝山水电站建成后，廖泽栋和邻居们都用上了便宜电，上山砍柴烧火做饭的日子已然成为记忆。

作为全市第一个完成的小水电代燃料项目，柏枝山水电站为项目区内的农户 3808 户提供了稳定的电力供应，相比烧柴，村民每户每年节约 500 ~ 800 元，一举改变了当地群众常年"烟熏火燎"的日子，同时，也产生了良好的生态效益。

一、昔日：沾满血和泪的砍柴路

"砍柴做饭岩难翻哟，泪珠儿滴过几道湾……"

喝着油茶，说起以前砍柴的日子时，今年 67 岁的廖泽栋用沙哑的嗓子哼起了小曲。

柏枝村位于金佛山与柏枝山之间，这里山势雄奇，壁立千仞。在这偏远的村庄，烧饭、喂猪，家家每天都要用几十斤木柴。比起其他地方，村民们除了生产，更艰难的一项劳动就是上山砍柴。

"砍柴砍得树木越来越少。最后不得不到几公里外的山上去砍。"他指着屋后面那几百米高的悬崖峭壁说，村民们冒着危险，到悬崖边砍柴，摔死摔伤人的事时有发生。1987 年，村里一位姓李的村民，就是爬到悬崖上去砍柴，不幸摔死了。从悬崖上往下扔柴，也经常砸伤下面路过的人。

年轻力壮的还好，体弱多病的就遭殃，有的实在是上不了山，就偷砍别人家自留山里的树，引起邻里矛盾，打架斗殴的事时有发生。

廖泽栋说，后来，村里虽然通了电，但是电力供应不足，连电灯都是"红丝丝"，买的电器根本带不起来，他家买了打米机，用不了，只有到大半夜，大家都睡觉了，才敢起来打米。

柏枝山水电站

二、改变：从水电代燃料开始

柏枝山水电站建在半山腰上，三面都是高达两三百米的悬崖峭壁，如果不是输电线塔，清幽的环境还让人觉得这里是休闲山庄。

柏枝山小水电代燃料工程总投资 3244.96 万元，2007 年 4 月开工建设，2010 年 5 月完成，水电站为微机全自动化控制。项目建成后，为南川区头渡镇柏枝村、玉台村、前星村、方竹村，以及金山镇院星村，共计 2 个镇 5 个村、31 个农业社、小水电代燃料 3808 户 12132 人提供了稳定廉价的电力。

在实施小水电代燃料工程的同时，农户电网同时改造完毕，当地农户用电价由 0.52 元 /（kW·h）降到 0.28 元 /（kW·h），村民敢用电了。

说起现在的变化，廖泽栋非常感慨："现在有电冰箱、电视机、电磁炉、洗衣机，城里人有的电器我们农村都有，城里人没有的打米机、铡草机现在也有。水电站修好后，村里的道路硬化了，水电站还免费安装了 12 盏路灯，水电站还免费提供路灯的照明电。"

当地政府以代燃料工程为龙头，进行新农村建设试点，改善基础设施，政府给农民部分材料补助，农民投工投劳，通过改路、改水、改厨、改厕、改电、巴渝民居改造等，改变生活环境"脏、乱、差"。如今，家家户户用上了清洁卫生的自来水，公路和人行便道得到了变化，不再"晴天一身土，

项目区的李子基地

雨天一身泥"，群众人居环境和农村面貌得到根本性改变。

三、保护：生态环境得到明显改善

"现在不用砍柴做饭了，树都长出来了，你看森林长得多好。"廖泽栋指着青翠欲滴的山坡说。

南川作为三峡库区的区县之一，水土流失较为严重，项目区为水土流失强度侵蚀区，长期以来农户上山砍柴毁林，加剧了水土流失，土壤的涵水能力和肥力降低，旱涝灾害频繁发生。

水电站建设时，与项目区每户人家都签了约：水电站投资方对村农网进行改造，为当地村民提供稳定的电和自来水，而对村民的要求则是："不再上山砍柴"。

如今，代燃料户用上了电压稳定、价格低廉的电，每年可减少柴薪、秸秆消耗19000t，

柏枝山水电站项目区小水电代燃料户

小水电代燃料项目高山移民安置点

可保护森林植被面积 53000 余亩，减少了二氧化碳、二氧化硫等有害气体的排放，净化了大气环境。

项目区内的头渡镇，森林覆盖率从原来的 55% 提高到了 57%。

项目区还充分利用国家退耕还林惠农政策，培植杉树、楠竹、方竹、雷竹、羊毛竹、李子、核桃、梨子等经果林，种植黄柏、杜仲等中药材，共计投入资金 160 余万元，完成退耕还林面积 4000 余亩，保护水土流失面积 1000 余亩，昔日因乱砍滥伐造成的荒山坡重新披上了绿装。使生态环境得到明显改善，有效保护和改善了三峡库区生态环境。

村民进行竹笋加工

四、保障：加快脱贫致富的步伐

有了电力作保障，拉动了项目区的产业发展。柏枝村1社的张训良利用本地丰富的竹笋资源，搞起了笋子加工，一年加工笋子近300t，产值达300多万元。同时，附近村民在笋子厂打工，每人每天有100元的收入。

据统计，目前项目区内农业加工产业产值达到2000多万元。

村民在家中烧水做饭

电站修好后，公路通了，环境变美了，吸引了许多游客前来。

4年前，柏枝村农村妇女廖泽玉发现了商机，第一个办起了农家乐，经过多年的发展，她的"兴华避暑山庄"现在已经达到了能接待150人的规模，拥有餐厅、客房、娱乐室。盛夏季节，前来避暑的客人要预订房间，农家乐一年毛收入40多万元。

"你看我们这里这么美，发展旅游多好啊，附近又有三家农家乐正在兴建呢！"廖泽玉说。

据了解，目前项目区内已经开办了30多家农家乐，许多村民吃上了"旅游饭"。

小水电代燃料项目的实施解放了农村劳动力，使村民有机会外出务工、搞特种种养、从事农副产品加工等，增加了农民的收入。村民李兴建家里有7口人，他家种植方竹笋年收入5万元加上养了20多头山羊，一年下来，他家收入10多万元。

据统计，项目区农民人均年纯收入从2100元增加到5850元，增长了1.8倍，农民脱贫致富的步伐加快了。

五、眼下：我们也过上城里人的生活

走进金山镇院星村的柏枝山小水电代燃料高山移民安置点，只见漂亮的巴渝民居风格的楼房整齐排列，几位老人正在小广场上健身器材上做着活动，该安置点有10 栋 65 套房屋，让 65 户 350 人告别昔日砍柴辛劳、烟熏火燎、薪柴乱堆、污物遍地的乡村院落，搬进窗明几净、环境优美、舒适安康的巴渝特色民居，享受与城市居民一样的生活。

"你看看我们村庄，我们生活环境，和城里人差不多吧？"院星村村民任胜笑着问。

南川区农村水电及电气化发展中心副主任刘小文介绍，按照"三公开""四到户""五统一"的模式对代燃料户供电进行管理，制定一户一表一证的供电管理方式，所有代燃料户实现了电气化。

小水电代燃料高山移民工程的建设，让山区群众过上了电气化生活。

（作者单位：南川日报社）

落实强农惠民政策　改善库区移民生活
—— 重庆巫山县实施小水电代燃料成效显著

郝燕林　曾广军

巫山县位于重庆市东部，素有"渝东门户"之称。

境内山川纵横，群众依山而居，长期以来，当地群众沿袭着以柴取暖烧饭的生活习惯，如今，这个习惯变了。

近日，记者在巫山县笃坪乡龙淌村看到，虽然是中午做饭时间，全村却没有一缕炊烟，在洁净的厨房，村民何大碧用电磁炉 20 多分钟就做好了全家的午饭。她高兴地说："过去做饭全靠烧柴，烟熏火燎，现在做饭省心省力，这都是小水电代燃料带给我们的实惠！"

千百年来，柴是山区群众取暖烧饭的主要燃料。农民不断上山砍柴，不但加剧了水土流失，破坏了生态环境，还危及退耕还林、天然林保护等工程的实施。

2009 年，巫山县成为国家实施小水电代燃料工程项目试点县。"十二五"期间，巫山县紧紧抓住政策机遇，大力实施小水电代燃料项目。目前，全县完成小水电代燃料项目投资 4512 万元，已建成小水电代燃料水电站两座，装机容量 7100kW。

巫山县小水电代燃料试点项目区，主要在笃坪、两坪两个乡，涉及龙淌、雪花、仙桥、石龙等行政村，已发展代燃料用户 2169 户，惠及 7985 人。

一、送电磁炉，圆农村群众多年"电炊"梦

2014 年 6 月 4 日下午，笃坪乡龙淌村村委会院坝里，陆陆续续来了 300 多位村民，大伙儿都顺着通往村委会的那条公路望去，等着县水务局和盛丰能源公司工作人员为他们送电磁炉的大货车到来。

村民与盛丰能源公司签订代燃料合同

17时许，一辆满载着电磁炉的大货车终于进入大伙儿的视线。货车刚一停稳，几个身手矫捷的山里汉子便在村支书向春月的带领下，将电磁炉从货车上卸下来，旁边围观的村民也排好队等着签字领取电磁炉。

"我做梦都没想到，老都老了却告别了柴火，用上了电磁炉！"龙淌村6社67岁的王祖辉老人用长满老茧的双手颤抖地接过电磁炉。他说，长期以来，当地村民做饭取暖大多以烧柴、烧煤为主。自己从十来岁就上山砍柴，早先一直都用柴火，再后来烧煤做饭，没想到现如今还能学城里人用上电磁炉。

"听说电磁炉用起来方便，一插电就能用，火的大小也可以调节。"王祖辉的老伴带着好奇在一旁插话。

"走，回家去试试。"2社的何光满迫不及待地回到家，将电磁炉接上电源，只听"嘀"的一声响，电源指示灯亮了。他将装了水的平底锅放在电磁炉上，不一会儿锅内的水就开了。"真快！以后下地干活，回家立马就能做饭，实在太方便了。"

笃坪乡龙淌村、雪花村作为小水电代燃料项目区，县水务局与盛丰能源公司，为村民免费送去了价值40多万元的电磁炉和电线，两村共1018户农户免费领取了电磁炉，并享受用电补贴。

二、多方配套，项目区移民生产生活得改善

巫山县是三峡库区移民大县，为了支持国家建设，原先和水而居的群众只能搬离家园。离巫山县城只有近半小时车程的两坪乡仙桥村、石龙村成了许民库区移民的新家。

仙桥村支书向兴国告诉记者："我们村共有农户512户，原来就居住在这里

笃坪乡小水电代燃料用户签约仪式

的只有 183 户，其余全是移民家庭，其中三峡库区移民有 257 户，占总户数的 50.2%，另有 72 户是从已整体搬迁的原庙堂乡搬来的，所以我们是一个名副其实的'移民村'。"

面对如此多"背井离乡"的移民，怎样才能让他们在新的环境下幸福生活，成了巫山历届党委政府的头等大事。

为了改善移民生产生活条件，县委县政府在经过充分调研的基础上，决定在移民人口众多的两坪乡仙桥村、石龙村建设巫山首个"小水电代燃料项目区"。

在项目区建设过程中，巫山县整合水务、国土、建设、交通等多种支农惠农资源，大力实施"五改五通"工程，全力改善项目区群众生产生活条件。其中县水务部门投入资金，修建了两坪乡自来水厂，长期困扰村民的饮水困难得到了彻底解决；县交通部门投入资金，修通了仙桥、石龙两个村 19.5km 的乡村公路，并对部分公路进行了硬化，解决了群众出行难的问题；县建设部门投入资金，在项目区新建了一个移民新村，用于 300 多名生态移民安置，使移民居有定所；县国土部门投入资金，对项目区内 907 个厨房、811 个猪圈进行了整改，并组织当地村民新建沼气池 933 个；县电信公司和广播电视台将光缆架设到了项目区，群众家里接通了宽带网络，看上了有线电视；项目业主对农户用电进户线和室内用电线路进行了整改，确保了用电安全。此外，县政府还安排专项资金，对项目区农房进行了风貌改造。通过实施"五改五通"工程，项目区基础设施全部完善，农民生活质量得到改善，农民生活方式明显转变，促进了农村文明建设，加速了农村小康化进程。

2010 年年底，仙桥和石龙代燃料项目区正式建成。

建成后的项目区到底怎么样呢？仙桥村主任向世银这样说："没建小水电代燃料项目区时，我们仙桥村要路路不通，要水水没有，到处脏乱差。通过改水、改路，每家每户都吃上自来水了，公路也实现了社社畅通。我们现在过的就是城里人的生活！"

三、政策到位，库区移民得到实惠

2015 年 5 月 4 日，是五一小长假后的第 1 天。一大早，众多村民便来到了两坪乡仙桥村村委会。

8 时许，盛丰能源公司总经理黎大林便带着公司发展建设部工作人员来到这里。

刚在办公桌前坐下，发展建设部主任冯远富便拿起一本名册喊道："刘广明，你们今年三四月共用电 256kW·h，根据你与我们盛丰能源公司所签订的代燃料用户协议，你家三四月 200kW·h 电为代燃料用电，每度 0.2 元，补助 40 元，请你在工作人员处签字并领取代燃料补助。"

进行项目区的道路硬化

村民经过改造后的厨房

在代燃料费用领取处，刘广明将自己的身份证、《小水电代燃料用电协议》和《代燃料用户证书》递给了工作人员。工作人员经过核对后，将电费补助送到了刘广明手中。

"下一个，袁宏兵，……"

刘广明在领取代燃料电费补助后，将他与盛丰能源公司签订的《小水电代燃料用电协议》递给了记者。经过仔细阅读，记者发现《用电协议》明确了企业和代燃料用户的责任和义务。如企业应积极宣传并严格落实小水电代燃料各项方针政策，按时补助代燃料户代燃料电量电费；代燃料用户要认真贯彻执行小水电代燃料各项政策，减少柴薪（草、煤炭等）消耗量，保护森林植被，促进生态发展，并积极配合甲方做好代燃料用电各项管理工作。

刘广明告诉记者，他原先居住在靠近长江的东坪坝，因三峡工程建设，他不得不离开世世代代居住的地方，响应号召，来到仙桥村安家。刚搬到仙桥时，因为条件差，他很不适应，不过现在好了，因为小水电代燃料项目区建设，他们的生产生活环境发生了翻天覆地的变化，而且他们再也不用砍柴烧煤了。

"现在我们每用一度电，电站都会给我们补助0.2元，电费比城里人便宜多了。更好的是由于现在用电有了保障，我再也不用上山砍柴了，每年可节约劳动

龙淌村民高兴地领取电磁炉

力30天，如果这30天我到县城去做小工，按照目前的小工价180元一天计算，我一年就可增收5400元。"刘广明打开了话匣子，和我们算了这样一笔账。

在宽敞的水泥路上，龙淌村村民何大登正开着他新买的一辆小客车和几个村民前往县城。

"小水电代燃料项目区真好，不光解决了我们的用电问题，还帮我们硬化了公路，解决了我们全村1000多人的出行问题。"何大登告诉记者，前几年，村民自发修通了一条通往乡场镇的公路，但因为资金和管理原因，公路自修通后就没有真正通车过几回，当地村民形象的表示，公路"天晴尘土飞扬、下雨小河流淌，看着路面宽敞，实则尽是'鱼塘'"，群众出行难没有得到根本解决。

四、效益初显，还后代一片青山

项目区建成后，为了将小水电代燃料（即以电代柴、以电代煤）落到实处，确保当地环境得到保护，县小水电代燃料领导小组制定了《巫山县小水电代燃料项目区管理办法》，并组织人员深入农户家中进行宣传。该办法中明确规定，项目区农户不得破坏森林，砍树烧柴，一旦出现继续砍树烧柴，首先取消代燃料用户资格，并由乡政府对其进行严肃处理。

工程实施后，项目区农民纷纷放下了砍柴的镰刀斧头，自觉承担起了保护森林资源的义务，项目区走向了"以林涵水，以水发电，以电护林"的良性发展道路，自觉把青山绿水留给子孙后代。

据盛丰能源公司董事长卢成军介绍，巫山县通过实施"小水电代燃料"工程，保护"四区"面积23.57万亩，提高项目区森林覆盖率12%，每年可节约木材1.3万 m^3，减少毁林3万亩，减少有毒气体排放8300万 m^3，因烧柴烧煤引起的火眼病、氟肿病、呼吸系统等疾病大量减少。通过推进"小水电代燃料"，逐步实现了"以水发电，以电护林，以林涵水"的良性循环，全县整个农村用电水平不断提高，电热、电炊等生活用品大量进入农村家庭，有效改善了库区生态环境和移民生产生活条件，进一步巩固了退耕还林成果，农村边远落后山区的信息、通信建设迅速改善，农民的观念和意识逐步更新，农村科技教育、文化卫生等各项社会事业发展步伐不断加

项目区天然林

快，有力地促进了整个农村经济社会的持续、健康、协调发展。

在谈到如何在全县开展小水电代燃料项目建设时，县电气化中心主任李明表示，巫山县通过两坪、笃坪两个项目区建设，在小水电代燃料建设中取得了一些经验。下一步，巫山将进一步加大小水电代燃料项目规划建设力度，在"十三五"期间，建成白龙、高坪、孔家沟二期、鹤溪等小水电代燃料项目，让更多的山区群众享受强农惠民政策。

（作者单位：巫山县水务局）

建好水利能源基地县　带动地方经济大发展

—— 重庆彭水夯实"水利能源基地县"促进经济社会发展纪实

崔小彬[1]　李　清[2]

这里，山清水秀、风光旖旎、空气清新；

这里，高峡平湖、水电便利、生态宜居；

这里是"百里画廊"，坐拥重庆市"十五"规划的重点能源项目——乌江彭水

乌江彭水电站

水电站。

作为全市水利能源大县之一，近年来，彭水自治县科学布局，已建成水电站 33 座，总装机容量 186.5 万 kW，在防洪减灾的同时，正逐步形成"以水促电、以电补水"的良性循环机制，不仅为国家电网提供了大量清洁电能，还逐步发挥出巨大的生态旅游效益，为地方经济发展和乌江苗都人民带来更多实惠。

一、开发水利资源，三代彭水人的水电梦

彭水座拥乌、郁两江，县境内河流众多，水能理论蕴藏量 276.34 万 kW，可开发量 211.1 万 kW，是重庆市水利能源大县。希望有朝一日"高峡出平湖"，开发利用好彭水得天独厚的水利能源，是三代彭水人半个多世纪的期盼与梦想。

早在 1958 年，长江水利委员会就开始组织专家对乌江彭水段进行初步勘察。为了水电站的前期勘测，老一批水利人在彭水一干就是 20 年，在乌江边奉献了他

乌江彭水电站厂房

们的青春。1987 年，"乌江彭水水利枢纽工程"可行性报告重新摆放在有关部门案头。直到 2003 年乌江彭水电站项目开工。

在乌江彭水电站的带动下，彭水水利能源开发和利用快速发展。县水务局党组成员邓文安介绍，全县已建成水电站 33 座、在建水电站 9 座，总装机容量 200.2 万 kW，多年平均年发电量 72.87 亿 kW·h。已建成电站包括大型水电站 1 座，装机容量 175 万 kW；中型水电站 1 座，装机容量 6.6 万 kW；农村水电站 31 座，装机容量 4.9 万 kW。

二、强化建章立制，为水电产业发展添动力

近年来，在多方参与反复论证的基础上，辖区众多中小水电站工程有序建设。其中，乌江彭水电站最为引人瞩目：地质情况复杂、建设条件艰苦、移民数量较大、复建项目艰难，一系列难题成为了一道道拦山虎，特别是移民安置事关水电站建设

全局。

工期紧，任务重。彭水从各方抽调人手配强水务局、移民办等部门，按照重庆市政府办公厅公布的《乌江彭水电站重庆库区农村移民安置管理暂行办法》，一方面，加强对水电站库区移民的安置与管理；另一方面，充分利用水电站的辐射，带动地方扶贫开发，确保移民安置工作持续推进有章可循。

移民之初，新旧矛盾交织。为让移民搬得出、稳得住、能发展。彭水县移民办、后扶办与多部门联动，多管齐下做好移民工作。充分发挥桥梁、纽带优势作用，既介绍工作，又温暖人心。最多时候，参与乌江彭水电站生产建设的工人多达5000人，极大地解决了本地农村剩余劳动力。同时，多部门合力引导就业创业，加强产业扶持等优惠政策，帮扶移民发展种养殖业、农家乐等产业项目，为移民致富带来了新希望。

三、"白 + 黑""5+2"，促水利能源基地县建设

水利建设开发是一个系统工程。彭水自治县水务局局长谢成红介绍，市委四届三次全会划分五大功能区，彭水被列入"渝东南生态保护发展区"。这对彭水水利而言，既是机遇，也是挑战。

从规划到建设，峡马口水电站、木楠水电站等水电新农村电气化项目，棣棠电站、路溪滩电站等小水电代燃料项目，均赋予转型发展的特殊含义。期间，涉及项目上马、征地补偿、分类指导、规范建设、督查督办、协调服务以及大量后期扶持工作。彭水水务部门工作前置，主动靠前工作指导督办，组织人员走村进寨摸排工作，在规定时间走完辖区村组，对各地情况熟记于心。时间紧、任务重，特别是基层水利工作人员几乎没有星期天，"白 + 黑""5+2"成为工作常态，只为能实现水电站建设顺利推进。

随着全县30多个新建、增效扩容改造水电站建设深度推进，各方面工作都需要大量的人手来做。县委县政府高度重视，专门成立中小水电站建设协调服务办公室（简称：中小水电办）统筹协调服务，加快中小水电项目建设。之后，县委、县政府再下大力气，成立了彭水县中小水电发展管理局，目的就一个：加快推进全市唯一"水

利能源基地县"建设，进一步巩固和壮大水利能源产业。

四、依托电站建设，库区居民走上致富路

在乌江画廊河畔的万足，这个具有 300 多年历史的古镇。随着乌江彭水电站的建成，万足古镇正在经历着一场亘古未有的巨变：一桥飞架南北，生活环境大改善，生态乡村换新颜。当地居民大多数搬进了新居，盖起了小洋楼，改变了多年甚至几代人的生活局面。

万足茶林坪新街安置点的移民黄超感慨地说，之前他家老屋脊靠着山，面临着江，是泥石流频发的地区。"一到雨天，晚上睡不好觉，一有点响动就惊醒，生怕是塌方或泥石流。"说起当年的囧样，老黄至今都直摆脑壳，幸亏水电站的建设，他和其他乡亲们一样，搬离了那个让他们无法安心居住的泥石流沟。如今，茶林坪移民新街，有 60 多户移民被安置到一条街上，黄超用 10 多万元移民补偿款建起的

一座3层小楼房处在当中，一楼作为店铺，二三楼居住，小日子过得很是安逸。

随着全县中小水电站的建设，极大地改变了水电站所在地村民原有的生活状况。邓文安介绍，以峡马口水电站、诸佛寺水电站最具有代表性，通过水电站建设的带动作用，正逐步引导当地居民走上发家致富路。

五、摸索乡村旅游，农家乐开门票儿来

高峡平湖，造就了如诗如画的风景——乌江河畔的善感乡周家寨，被誉为"乌江画廊"上的一颗闪亮明珠。

勤劳的当地人大胆尝试，积极投入乡村旅游。退伍军人董伟，瞄准商机在乌江边打造出了当地第一个农家乐，因为他家饭菜可口、价格公道，备受游客好评。如今，多个移民安置点也相继开办起了特色农家乐，正在成为越来越多的自驾游客和驴友的新宠。

如今，各水电站库区乡村旅游资源正在得以全方位的开发展示，越来越多的库区移民在家门口从事起旅馆、饭店经营以及旅游商品销售。邓文安介绍，随着全县水利资源的深度开发，人流、物流、信息流大量涌入，正在为带动地方经济结构调整带来一次质的飞跃，人民的生产生活方式也在因为一座座水电站而悄然发生着变化。

为让更多移民吃上旅游饭，当地政府顺势而为，优化乡村环境，将水电站建设形成的库区风光与新农村建设融为一体，协调县旅游局、县农委、县扶贫办等部门一起，加快电站库区基础设施建设，将乡村旅游产业逐步提升到库区产业发展的首位。

六、借助水面经济，开启生态旅游新航程

近年来，彭水大力实施"旅游兴县"战略，围绕"山""水"等主题做文章，全力打造具有民族特色的旅游中等城市。可以说，水利水电项目建设功不可没。其中，彭水依托乌江电站水库形成的数十公里长的湖面，正在构建自己的"水面经济"。

"水利建设与旅游发展有机结合，做好做足'水'文章。"彭水自治县水务局

局长谢成红认为，一方面，依托水利水电工程建设，推动水利风景区建设，着力提升艺术品位，强化文化功能，展现民族风貌，使水利工程既是防洪、供水工程，也是生态、文化工程，为人民群众营造休闲亲水、陶冶情操、安居乐业的和谐环境；另一方面，依托水利风景区建设，推进水生态文明城市创建，统筹水资源、水工程、水管理、水生态、水景观建设，改变传统水利工程建设模式，拓展城市发展空间，可以提升城市品位。

当前，彭水正巧妙利用这一自然资源，以旅游为船头，借以乌江画廊深度开发，开启"打造具有民族特色旅游中等城市"这一新征程，推动全县社会经济持续快速健康发展。

（作者单位：1.中共彭水县委宣传部；2.彭水县水务局）

小水电改变小山村
—— 重庆彭水县峡马口水电站促进农村基础设施建设纪实

崔小彬[1] 李 清[2]

峡马口水电站

作为彭水"十二五"水电新农村电气化县建成投产的第一座水电站，峡马口水电站一直以来藏身深山人未识。

近日，记者一行来到位于彭水自治县普子镇四合庄村境内的峡马口水电站，探访这座大山深处的水电新农村电气化项目背后不同寻常的故事，感受它给当地农村基础设施建设带来的巨大变化。

一、道路不通，小山村致富没门路

大山重叠，云雾缭绕。

在前往普子镇四合庄村的路上，普子镇政府老职工杨中静介绍，在峡马口水电站动工之前，进出四合庄村只有一条羊肠小道，路面凹凸不平，而且山高沟陡路滑，如果遇到雨季，就连摩托车都根本无法通行，有时候连牛都拉不走。

这地方最能体现"养儿不用教，酉秀黔彭走一遭"，当地400多名村民出入都只能靠肩挑背扛的方式来运送物资。"放在以前，肥猪都卖不出去。"该村3组组长胡永田说，由于道路不通，赶场空手也要走1个多小时，种出的农产品除了自己吃只能喂牲口，多出的部分大多任其烂在土里面。

"上前年王大权一家收获了2万多斤洋芋，苦于没人上门买，自己背了一背篓出去找买主，结果半路滑进了山沟里，到镇上医院花了200多元，最终眼睁睁看着烂掉2000多斤。"胡永田说，很多有较高经济价值的农产品因为卖不出去换不来钱，眼睁睁看着其他村都盖起了小洋房，用上了大型电器，过上了现代化的生活，而四合庄村的人民一直困在大山里，依旧过着贫穷的日子，心里憋火得很。

二、一座水电站，开启大山财富宝藏

靠山吃山靠水吃水。2011年，在各方关注和支持下，由彭水自治县水务局招商引资建设的峡马口水电站项目正式动工，并纳入水电新农村电气化的申报项目，让当地村民看到了希望。

县水务局党组成员邓文安介绍，为促成水电站早日上马，又要保证项目建成后更好地发挥经济、生态、社会效益，依托政策支持，县上争取了835万元国家资金对峡马口水电站予以帮扶补助。按照市水利局要求，项目建设严格按照"四制"执行，县里建立了由项目法人负责、施工单位保证、监理控制、政府监督的质量安全保证

峡马口水电站与道路同步建设

体系，明确参建各方的质量与安全责任；建立了质量安全巡查制度、工程"三公示"（开工前、完工后和违规违纪查处）制度、工程验收制度，发现问题立即责令返工整改，并督促整改落实到位。在项目国有资金管理上，严格执行工程施工和设备采购公开招投标，由审计部门严格审计，确保工程资金安全。

按照市局要求，彭水县中小水电发展管理局进一步建章立制细化安全监管措施，强化日常安全监管，落实了安全生产责任主体和监管主体双"主体"责任，保障小水电安全运营，充分发挥效益。

三、一条村路，带动村民致富尝甜头

"依托水电新农村电气化项目和小水电代燃料项目，旨在拓宽惠民途径，把水电站建成民生水电。"邓文安介绍，水电站建设的一大辐射功能之一，是带动大山里的居民尽早实现脱贫致富。

2011年4月，工程进入施工阶段。项目业主率先投资200余万元，在原有的一条羊肠小道的基础之上进行拓宽平整，修建出了一条全长5km的通畅道路。这条足够宽的道路不仅满足了峡马口水电站建设的需要。同时，轰鸣的汽笛声，奏响了当地村民发家致富的进行曲。

峡马口水电站的建设打破了这座封闭的小山村，使当地村民的生活发生了翻天覆地的变化。以前，这里的村民大部分都从事农作物种植，守着自家的一亩三分地维持生计。随着峡马口水电站建设项目的启动，为当地提供了大量的用工需求。许多祖祖辈辈都靠着种地为生的农民，放下了手中的锄头，就在家门口当起了农民工。普子镇副镇长李孝勇介绍，最多时候，围绕水电站施工建设的工人达110人，施工

方累计支付农民工工资 4300 万元，极大地解决了本地农村剩余劳动力，也为当地经济带来了不小的效益。

"以前在外面打工，一年到头只能回家一次，家里的老人小孩都没有人照顾。现在就在家门口工作，既挣了钱，又照顾好了家人。"胡永田说道。

谈到哪里挣钱多？胡永田

峡马口水电站

想了一想笑着说："工资都差不多，在家附近打工吃住都不要钱，比在外面打工要划算得多。"

四、交心谈心，打开心结交朋友

"要致富，先修路。"这句话让联系四合庄村的镇政府干部特别感触，因为在修建水电站进场路之初，很多村民不理解，几度给施工带来诸多阻挠。

李孝勇介绍，第一次，道路施工刚进行到垭口弯，几位村里老人联手围住了挖土机阻止施工。原因是水电站修进场公路，毁掉了他们一部分柴山树木，让他们没柴生火煮饭，非得挖机师傅掏钱才能过路，事情僵持了半天，就是解决不下来。普子镇党委书记张志鸿得知此事后，立刻赶到现场，和几位老村民拉家常：这不仅是水电站的进场路，也是四合村庄的扶贫通畅路。路修通以后，汽车就能给村民送来煤炭、液化气。以后水电站修好后，家家户户烧菜煮饭还可以用电，既减少了砍柴的辛苦，也不用随时提防柴草里的虫蛇。"在屋头看电视那一阵，电饭煲就把饭煮好了。哪点不安逸？话再说回来，村路通了后，村里的肥猪、山羊、洋芋等土疙瘩也才能运出去卖出个好价钱……"经过一番苦口婆心的讲道理、谈感情，几位老人终于离开，道路的施工得以正常进行。

还有一次印象很深。由于征用土地没有丈量到边，3 组村民景禄涛被少登记了一点，引发了强烈不满，于是纠集亲友阻止村路建设，这一堵就整整堵了两三天。村组干部左右撮合不拢，最后找到了镇政府。镇长何成军赶到现场，拉着皮尺，仔仔细细地给该户进行了重新测量，并如实地给予了应有的补偿，景禄涛满意地回到了家里。

阻工、纠纷源于对水电站建设不理解。为此，县水务局和普子镇党委、政府可谓苦口婆心，组织工作队三番五次来到四合庄村，挨家挨户谈心，化解矛盾和心结。在电站的后期建设中，工程得到了广大群众的认可，大家还交上了朋友。

如今，村民对外介绍时，禁不住自豪地说四合庄村有一座水电站。

峡马口水电站周边稻田

五、乡村巨变，小水电正在改变小山村

"道路建成那天，村民还自发买来了火炮进行庆祝。"李孝勇说，这短短的一两年间，在公路两旁修起了一栋栋漂亮的小楼房，家家户户用上了现代化的家用电器，村民李绍恒第一个买回了小汽车。

很多原本在外打工的村民也回到了家乡，村里吴成均利用当地的自然资源，办起了生态养鸡

峡马口所在的普子镇

场，也有几户村民联合办起了养牛场。杨中静说，现在进出村寨的道路通了，生活用水也方便，猪更肥牛更壮，如今买主自己上门来收购农产品，家乡变化真是大。

水电站及配套工程的建设，不仅使水资源得到合理配置和充分利用，而且还提高了水资源的综合利用效益，促进了山区水利基础设施的发展，提高了农业综合生产能力。李清介绍，多次前往四合庄村，可喜地看到了村民思想的巨大变化，越来越与外界融合，在不断的交流中潜移默化地改变着传统的生产生活模式，对促进人水和谐相处起到了重要的作用。同时对推进当地物质、精神文明建设，实现新农村建设，助推当地人民走上致富之路也发挥了巨大作用。

（作者单位：1.中共彭水县委宣传部；2.彭水县水务局）

梯级开发的龙头水库——中咀坡水库

建设梯级电站　科学开发水能
—— 重庆巫山县科学开发水能资源尝甜头

李能敦

　　三峡成库以后，作为重庆东大门的巫山县，地处库区腹心，生态保护、水质保护的责任更重，压力更大。一方面是脆弱敏感的生态环境；另一方面是全县 64 万人对加快发展，摆脱贫困的渴盼，一组似乎有些矛盾的命题摆在了巫山县委、县政府面前。怎么办？

　　巫山县山高谷深，溪流众多，有大小河流 57 条，年径流量 18 亿 m³，水能资源蕴藏量 26.8 万 kW，但 60% 未被开发利用。水能资源如此丰富，却大多白白流失，这里面一定大有文章可做。怎么做？ 2006 年年底，巫山县与重庆市水投集团不谋而合，走到一处，正式签订后溪河水资源开发合作框架协议，拉开了在深山建设梯级水电站，深度开发水能资源的序幕。

一、深山里建起一串水电站

听说后溪河要建水电站，巫山县竹贤乡阮村党支部书记杨自保高兴坏了。

他知道：只要建水电站，就会修路。村里原有一条老路，又窄又烂，几乎跑不了车。因为交通条件的限制，阮村产业发展不了，成了全县挂了号的贫困村。村里老百姓只要有条件，都一心只想早点搬离这个鬼地方。现在，作为水电站建设的必经之道，阮村一下捡了个大便宜，不要村里投一分钱，惠宁公司就会把路修得"巴巴适适"的。他这个支书当起来，也就格外有劲了。

杨自保可没想到：这里要建的不是一个，而是一串水电站。

2009 年年底，预计投资 6.725 亿元的后溪河水电站，作为巫山有史以来最大水电项目正式开工，全县欢腾，全村翻新鼓舞。后溪河水流湍急，落差集中，项目规划对后溪河采取跨流域开发方式，修建小型水库一座，总库容 280 万 m^3，中型水库 1 座，总库容 1578 万 m^3，梯级水电站三级，总装机容量 4.77 万 kW，预计年发电量 1.5 亿 kW·h。其中，后溪河上游，庙堂村筑坝，建庙堂水电站，装机容量 1.5 万 kW；后溪河下游中咀坡筑坝，建中咀坡水电站，装机容量 2.57 万 kW；通过引水隧洞，到一山之隔平定河，建峡门口水电站，装机容量 0.7 万 kW。

3 个水电站如葫芦，串联在深山中的两条溪河之上，两条溪河之间，一条引水隧洞连接贯通。一级水电站的尾水下流，作为二级水电站发电之用。在短短几公里的河道内，3 个电站，最大程度挖掘、发挥了后溪河水流的潜能。

这里的水，一滴都不会白流。

这里的水，一滴当成了两滴、三滴在用！

二、保护生态，砸多少钱都值得

2014 年，中咀坡大坝蓄水，笔者一行在庙堂村毛支书的带领下，沿着后溪河溯流而上，步行两个小时，到后溪河的源头。那里有庙堂村民祖祖辈辈的牵挂。一棵树龄1200多年，号称亚洲第二大古树的铁坚油杉魏然屹立在后溪河岸边，见证了后溪河的开发，也见证了巫山生态保护的实际行动。

"我们的古树有救了！"还记得那一天，当得知后溪河水电站上坝选择为古树让道时，庙堂村民奔走相告，纷纷赶至树前，燃放鞭炮，给古树挂红布庆贺。

为了保护这棵古树，后溪河上游的规划坝址从原古树下游1.5km移到古树上游700m处。惠宁公司总经理孙众说："水资源最大化利用是我们的愿望，但绝对不能以牺牲生态来换取经济效益。为古树让道，就是践行科学发展观，就是实实在在地保护库区生态，值得！"

一棵树，见证了后溪河水电站建设过程中对绿水青山的敬畏。从它被保护的事实，也充分体现了清洁能源工程对库区生态环境的敬畏和保护。它形象地说明：只

中咀坡水库

峡门口水电站全景

有清洁能源，才能最大程度保护一方生态，维护一方绿色。

三、科学开发要推广

山高坡陡，悬崖峭壁，交通极为不便，场地极为险恶，克服多种困难的后溪河水电工程建设在艰难中稳步推进。

2015 年，水电站建设吹起了最后的冲锋号。

3 月，中咀坡大坝扫尾工程全部竣工，水库正常蓄水 540m 高程。

4 月，峡门口水电站厂房建成，发电机组安装调试完毕。

5 月 18 日，孙众在办公室翻开新一页日历。这一天，屈指一算，距离预定的投产发电的大概时间只有 3 个多月。

建成后的后溪河梯级水电站，每年发电 1.5 亿 kW·h，可为巫山提供 30% 的电力支持，成为巫山全县工业、生活用电的绝对支柱。此外，每年为巫山县财政贡献税收 250 余万元。

在水电站建设过程中，竹贤、平河两个乡的老百姓更是因为水电工程上马而直接受益。竹贤乡阮村种烟大户周代兵以前一直为村里的道路苦恼。他是种烟能手，不缺技术，家里也不缺劳力，但就是不敢种得太多，最多就是十来亩，因为种得多，产量大，交通不便，收购烤烟的车辆进不了村，成本成倍增加，而时间耽搁，更会让烟叶变质，由此白白地遭受损失。自从惠宁公司把村里破烂的机耕道整修通畅之后，他就再也不用为烟叶交售而担忧了。从那时起，他家年年种烟都在 30 亩以上，今年更是达到了 40 亩。

杨自保介绍：自交通改善以后，烤烟成了阮村骨干产业。2014 年村里种烟 1080 亩，仅此一项人均收入 3000 元左右。

基础条件的改善，产业发展的兴盛，为阮村群众鼓足了信心。原先许多准备搬迁出去的村民都不搬了，转而纷纷修建房屋，还积极进行风貌改造。现在全村 80% 的农户都住进了砖混小楼。一些群众甚至已经在尝试开办农家乐，为水电站建成后带来的生态旅游提前准备。

在平河乡，峡门口水电站附近的六七户村民因电站建设征地搬迁，告别住了几辈人的破旧土木房屋，在新农村集中安置点或者乡场镇建起新房，又利用补偿资金发展养殖业，开办农家乐等，过上了有滋有味的新生活。住到场镇，成了"街上人"，

峡门口水电站厂房及升压站

搬迁户沈怀琼 70 多岁的老母亲逢人就说："要是不修峡门口水电站，我这辈子怕都享不到这个福哟！"搬迁户陶朝进用搬迁补偿资金做基础，养殖山羊，不到两年，山羊规模上到 100 多头，对未来生活，一家人由此格外有了希望，有了底气。

后溪河水电站建设的综合效益明显，巫山尝到了甜头，

也赢得了广大老百姓发自内心的支持。开发清洁能源，既可实现地方发展，又可落实生态保护，6 年之前，巫山县与重庆市水投开展的合作就已经暗合重庆市委、市政府对巫山作为渝东北生态涵养发展区的功能定位。这条路，走对了！巫山县委书记李春奎表示：未来，巫山将继续坚定不移地走好生态发展之路，进一步加大以水电为重点的清洁能源开发力度，力争到"十二五"末实现水电装机总容量 15 万kW。

"依托巫山的生态特色资源，我们寻找到了发展五大重点产业的路子。"五大重点特色资源产业之一便是清洁能源。"十二五"期内，巫山将全面推广后溪河水电开发的经验，陆续建成中碉桥水库和千丈岩、三溪河梯级水电站；"十三五"期内，将对平定河、官渡河、抱龙河、大宁河等县域主要河流水资源逐一进行深度开发。

（作者单位：巫山报社）

一江清水绘幸福　生态武隆再出发
—— 重庆武隆县水电开发助推县域旅游产业发展纪实

杨　波

"蜀中山水奇,应推此第一"。武隆,伴靠乌江的山中小城,自古以来以山青水远、生态资源丰富而秀丽。

今天,武隆又以其护美绿水青山、推动绿色崛起的创新实践,谱写生态文明的

大溪河绿色水电站

乌江银盘电厂库区

时代新篇。

　　昨天和今天，武隆一直是一个让人留有饱满印象的地方。

　　作为重庆市的旅游大县，武隆森林覆盖率达60%，旅游业一直是武隆县域经济的"主心骨"，生态工业也交出了一张漂亮的"答卷"：全县工业总产值首次迈上

大溪河水电站厂区

百亿元台阶，实现工业总产值101亿元，同比增长26%。初步形成了清洁能源、机械加工、新型材料等三大支撑产业。

"武隆生态良好，有发展生态工业的基础和沃土，我们要把发展生态工业作为落实市委五大功能区域发展战略和推进生态保护发展的重要举措来抓，把武隆建成生态工业经济强县。"武隆县委书记何平表示。

有水则灵。旅游与生态工业的崛起，扮演武隆旅游发展中"毛细血管"的水能资源，其"触角"让"新陈代谢"更为活跃，旅游做到哪里，水电开发的"触角"就伸到哪里。

一江清水绘幸福，生态武隆再出发。

乌江之上，渔人码头微澜拍岸，湖畔栈道绵延。不远处，方可听闻过江速滑掠过的声音。

从高处俯瞰江口电站四周，掩映两旁的道路宛如长龙蜿蜒，河岸大片的树木郁郁葱葱，纵横交错的天然河道，绵延起伏的丘陵，远方可见现代与传统交相掩映的旅游新老建筑，可谓一湖山水满城春。

靠绿水青山吃"旅游饭"的武隆，全县水能蕴藏量达240万kW，目前，已经开发水电装机容量110万kW，发电量48.44亿kW·h。固有丰沛水能资源，建设大小不一的水电站，岂不是砸自己的"金饭碗"。

武隆人有自己的底线。

在"十二五"规划纲要中，武隆突出强调水电开发要以生态环境保护为前提，编制水电新农村电气化实施方案，相关部门组织力量全面掌握全县水资源分布现状，对水能资源开发管理、规划、设计、建设、技术进步及用电水平等方面建立了与新农村建设相适应的指标体系，形成了"生态优先、统筹考虑、适度开发、确保底线"等原则，明确水电开发环境管理的重点工作，实现全县水能资源的合理利用，促进水电产业健康发展。

除了严管规划与开发，科学确定生态基流更是有利于水环境质量的改善。

"通过兼顾生态环境与河坝环境的保护与修复，大溪河流域水电站以通过生态基流的技术和理念创新将其建成为一座座绿色环保水电站。"大溪河水电站负责人胡世华说，一座座绿色水电站的建成，不仅为全县经济发展提供电力电量保障，沿河两岸的生态环境也得到有效保护，水生动物和水生植物得到恢复和提升。

记者在距离水电站不远的大溪河淡水鱼养殖场看到，村民刘信扬正在自家的鱼塘里为前来买鱼的客人不停地忙碌。之所以刘信扬的渔场水质好，得益于科学、合理确定生态基流。

武隆县水务局工作人员徐学炳说，生态基流包括流量要求和不同水期的消长要求，其保障基本的径流量是保障河流生态健康的基础。"水体自净能力的强弱与水量的大小有直接关系。"据徐学炳介绍，

银盘电厂移民安置新村

江口电厂形成的芙蓉湖

之所以选择生态基流，就是要保障一定的水量，这也是河流或者湖泊维持生态平衡的前提条件。水体中的水生动物、植物以及河流底泥中的微生物群落，甚至岸边的芦苇杂草等都是整个水生态系统的一部分。

在保障水量的前提下，保证水量的变化性也十分必要。也就是说，不能保持河流里的水量永远没有变化，尤其是在人为调配水资源过程中，要模拟自然状态，洪水期水量应该增大，而枯水期的水量就应该减小。"不同水期水量的不同消长要求对于生态环境的意义，在生物繁殖方面体现得比较明显。"

青山绿水，修竹成荫，如此生态屏障，早已让山水间的水电站自成风景。

水电资源的开发更是增效扩容与标准化创建工作提上日程，武隆县充分发挥水电站得天独厚的环境优势，把电站与山水融为一体，努力建设成有山、有水、有灵气的花园式电站。

截至目前，全县共有22座农村水电站实现增效扩容，新增发电量5651万

江口电厂形成湖面与旅游速滑

kW·h，相当于节约 6945t 标煤，减少二氧化碳排放量 18890t，减少二氧化硫排放 166t，能源利用率得到显著提升，社会效益、生态效益与经济效益取得三个丰收。

如今，漫步武隆的一个个标准化建设的农村水电站，映入眼帘的厂美、景美、人美引人赞叹：设备得到更新维护，基础设施得到修建完善，厂容厂貌得到根本改变；结合各类活动，开展水电站洁化、绿化、美化行动，有力促进了"美丽乡村"建设；通过标准化建设，水电站厂房的噪音、温度、湿度等得到了有效控制，工作环境的舒适度进一步提升，职工都配置了统一的工作服，精神面貌焕然一新。

村庄做伴小舟荡，碧水扬波映翠竹。

这正是游人置身武隆县武隆芙蓉江的美好感受。

长头河流域中上游水电开发与下游的黄柏渡漂流

作为全国旅游大县，武隆水资源的利用与保护不仅仅是一项造福子孙的民生工程，还是服务旅游发展，调整农业产业结构，实现县域经济快速增长和生态环境可持续发展的幸福工程。

生态要发力，基础设施不完善会拖后腿。路不修好，谁来旅游？电网不全，谁来投资？

"今年景区内又新增了 5 个房地产开发项目，明年建成后，高峰期可能增加上万人的游客。"县水务局工作人员谢怀斌指着不远处正在建设的楼盘工地说，每年的 5—10 月是武隆旅游最旺的季节，县域内的宾馆、酒店、农家乐的入住率均超过90%，且居高不下。

生态资源要转化成竞争力，更需要一些先决条件的。近年来，武隆水电的能源网，更加清洁、坚强可靠。在中央和市委、市政府的大力支持下，武隆县通过政策引导，资金支持，水电装机容量从 2010 年 46.1 万 kW 到 2014 年 110.2 万 kW，年发电量从 2010 年 18.54 亿 kW·h 到 2014 年 48.44 亿 kW·h。其中：农村水电装机容量从 2010 年 16.1 万 kW 到 2014 年 20.2 万 kW，年发电量从 2010 年 5.54 亿 kW·h 到2014 年 8.44 亿 kW·h，实现户通电率达 100%。

全县水能蕴藏量达 240 万 kW，目前，已经开发 110 万 kW，正在开发建设的装机容量 12.5 万 kW 的芙蓉江浩口电站，由大唐集团投资 100 余亿元在乌江上建设的装机容量达 52.5 万 kW 的白马电航枢纽也在前期准备中，建成后武隆生态电网将又添"新能源"。

奔腾的乌江两岸，一排排青瓦白墙的民居显得格外惹眼，处处见绿，移步换景。

一打听，才得知这是为江口水电站、银盘水电站移民建设的"新家"。最早搬到这里的移民简廷江告诉记者："现在生活条件比以前好多了，干啥都方便，好多移出来的村民都办上了农家乐，吃上了旅游饭。"

1998 年，作为重庆市重要能源项目的乌江银盘水电站动工建设，简廷江的家乡——江口镇蔡家村瓦子坪小组的土地全被建设征用，简廷江三兄妹家庭及老人共11 人的 9 亩多土地获得国家移民补偿款 40 万元。从此，简廷江成了众多移民中的一员。

走进简廷江家的小院，客厅、卧室、厨房、餐厅、卫生间都进行了精装修，院中小轿车候着随时出发。简廷江告诉记者，虽然现在离自家的土地远了，但生活比以前方便了，原先看病需要走上好几个小时，现在只用 10 多分钟就能到卫生所。

像简廷江这样喜迁新居的电站移民在武隆县还有很多。

基于"搬得出、稳得住、逐步能致富"的移民搬迁思路，该县还进一步加大库区移民和周边村民进行种植、养殖、电工、电焊等技能培训，帮助他们探索致富的路子。

如今，很多移民家里搭乘"旅游风"开上农家乐，挣上生态钱；有的买了大型自卸汽车，组成车队在水电站承担运输工作；有的在水电站各项目部从事开挖、混凝土浇筑等工作；有的在当地企业干上了技工，有了稳定的经济收入。

光阴荏苒，"却顾所来径，苍苍横翠微"。回顾武隆旅游的发展与水电资源开发的巨变，武隆人感念尤深。

（作者单位：武隆日报社）

小水电　大事业　新使命
—— 记贵州镇宁新农村小水电建设暨六志水电站

鲁开伟

在 1717.3km² 的镇宁境内，同属珠江流域的打帮河和红辣河在狭长的县域分东西两侧并行向南汇入北盘江，县内大小河流纵横交错，境内流域面积 20km² 以上河流 31 条，总河长 580km，水资源总量 10.61 亿 m³，打帮河、红辣河水能资源丰富，两河水能资源理论蕴藏 48.6 万 kW，属镇宁的水能理论蕴藏量 29.99 万 kW，可开发

落务水电站大坝

量 17.77 万 kW。无尽的水能资源，巨大的开发潜力让这片土地蕴藏着无限的生机。

1983 年，镇宁自治县被列入全国初级电气化县，2001 年列入全国水电农村电气化县，2011 年列入"十二五"期间水电新农村电气化建设县。在水利部门的不懈努力下，截至 2014 年，全县已建成农村水电站 12 座，总装机容量 9.192 万 kW，年平均发电量 4.08 亿 kW·h，农村水电投入达 6.16 亿元，年发电收入约 1 亿元，实现了乡级通电、村村通电、户通电率达 100%，规划在"十二五"期末人均年用电量达 961kW·h。小水电的建设，极大地改善农村生产生活条件，对促进农村经济社会发展、农民增收、生态改善都发挥了重要作用。

一、小水电"点亮"山区希望

六志水电站作为镇宁自治县"十二五"水电新农村电气化规划开工建设的第一座水电站，位于珠江流域北盘江水系红辣河右岸一级支流六志河上，水电站建于镇宁中部江龙镇深山中的六志村、木皮村和河头村地界上，距县城 45km，距贵阳 145km，水电站装机 2×1600kW，引用流量 $10m^3/s$，年利用小时为 3254h，年发电量 1039 万 kW·h，主要建筑物由拦水坝、引水渠、引水隧洞，压力前池、压力管道、发电厂房、尾水渠以及相应的机电和金属构件组成。总投资 3030.13 万元，其中中央财政新农村电气化建设资金补助 445 万元，水电站装机容量 3200kW，年发电量 1039 万 kW·h，于 2010 年 12 月 23 日开工建设，2012 年 9 月建成发电。

5 月的镇宁，群山绿意葱茏、生机盎然。记者从安顺出发，沿山间崎岖公路经过两个多小时颠簸，来到了位于镇宁自治县江龙镇的六志水电站，木志河村副主任王尚超指着村前光亮的柏油路乐呵呵地说道："依靠六志水电站的项目建设，终于打通了河头村的断桥组、六志村和木皮村的连接外面的'希望路'，打通了与外面接通的梦想，结束了封闭在深山中的历史。"

项目业主镇宁利鑫实业有限公司副总经理钟荣斌介绍说，在电站修建前，河头村的断桥组、六志村和木皮村的村民们只能通过两三米宽的泥巴路通向外面，不仅是晴天一身灰雨天一身泥，而且还存在很多安全隐患。为此，公司从企业返抚群众的角度出发，由公司出资金新修了 3km 乡村毛路，并在县水利局、交通局的支持下，

"十二五"期间完成技术改造的下河头水电站

积极争取到 250 万元资金并完成了沥青路面的铺设，成为了镇宁自治县第一条通村、通组柏油路。

在六志水电站的大坝上，记者仍能窥视到原来的老拦河坝留下的遗存，老坝是由群众投工投劳建成，全部由石块砌成，标准较低，技术含量仍处于原始的工艺水平。钟荣斌告诉记者，以前当地群众都是从老坝上过河，时常有人骑摩托车掉到坝下的现象发生，现在的新坝建成后。同时，兼具拦水和交通两种功能，路更宽，还有护栏，群众再也不用担心过河的安全性问题了。

"该水电站为无调节引水式水电站工程，取水口位于引水坝左坝肩，引水渠位于大坝左岸，引水渠长 2.072km，其间开凿两个隧洞，1 号隧洞长 183m，2 号隧洞长 239m。"钟荣斌说道，引水渠建成后，可一并解决附近几个村近 300 亩农田的灌溉问题。

小水电走进深山，扎根于深山，情系百姓。为了更加方便村民的生产生活，公司在六志村的村前小河上又架起了一座桥梁，解决了该村原来桥梁无法通车和承受大重力的困境，修建道路和桥梁共耗资 90 余万元。同时，在 2011 年镇宁旱情较重时，公司还耗资 6 万余元，为木皮村和六志村出资解决输水管道 3000m，让村民们从容度过半年时间的旱灾。

木志河村深处偏远山区，思发展、谋出路不仅是广大群众的愿望。同时，也是镇宁利鑫实业有限公司董事长张后龙的期盼。看着连绵不断的大山，望着潺潺不息的河水，而淳朴的百姓却过着艰苦朴素的生活，张后龙看在眼里，想在心里。靠山吃山、靠水吃水，张后龙的谋发展思路应然而生，经过考察，张后龙认为，在沿河两岸种植水笋是个不错的选择，目前该项计划正在与村委会进行沟通协商。

"原来大家连平房都盖不起，现在基础条件好了，村里也逐渐富裕了起来。"木志河村村支书马田云如是说，六志水电站的修建，不仅仅改善了公路、灌溉、饮水等村里各类条件，同时还带来了新的思想和发展思路。

镇宁自治县水利局副局长杨晓松告诉记者，虽然该电站只是一个小小水电站，但投资大项目回收期长，回收期预计需要20年左右，但从长远的收益和大层面上来看，水电站的建设、投运，充分利用了水能资源，所发的电量能减少大量

翁元水电站为群众修建的便民桥

的木材、煤炭、秸秆消耗量，减少有害气体及污染物排放量，如今乡亲们都用上各种电器，做饭基本不用烧柴火了，小水电让山区走上了"以林蓄水，以水发电，以电护林"的良性发展道路，生态效益很显著。

二、小水电　大事业

镇宁之名始于元代。1963年9月11日，成立镇宁布依族苗族自治县。县域山川秀美，历史悠久，资源富集。同时，镇宁也是一个典型的西部贫困山区，欠发达，欠开发。

1983年，镇宁自治县被列入全国初级电气化县，2001年列入全国水电农村电气化县，2011年列入"十二五"期间水电新农村电气化建设县，为镇宁新农村电气化建设和发展指明了方向，发展从这里扬帆起航。

从规划到建设、从建设到发展，镇宁农村电气化建设过程艰辛卓绝，是镇宁一批批水利工作者不辞辛苦、踏遍千山万水换来的。打帮河规划开发 5 座水电站，总装机容量 7.2 万 kW，现已开发 4 座，桂家湖水电站装机容量 160kW、王二河水电站装机容量 5000kW、黄果树水电站装机容量 4800kW、三岔湾水电站装机容量 32000kW，总装机容量 4.196 万 kW，原规划的板扎水电站因兴建董箐水电站而淹没。

红纳河规划水电站 11 座，总装机容量 9.456 万 kW，已开发 8 座，下河头水电站装机容量 960kW、弄贯水电站装机容量 2000kW、关山水电站装机容量 4000kW、落洼水电站装机容量 8000kW、安定水电站装机容量 6800kW、翁元水电站装机容量 20000kW、六志水电站装机容量 3200kW、落务水电站装机容量 5000kW，总装机容量 4.996 万 kW。待开发水电站 3 座，分别是八大水电站装机容量 9600kW、乐运水电站装机容量 15000kW、板岩水电站装机容量 20000kW，总共装机容量 4.46 万 kW。

经过 30 年来的不懈努力，小水电事业得到了长足进步和发展。截至 2014 年全县已建成农村水电站 12 座，总装机容量 9.192 万 kW，年平均发电量 4.08 亿 kW·h，农村水电投入达 6.16 亿元，年发电收入约 1 亿元，实现了乡级通电、村村通电、户通电率达 100%，规划在"十二五"期末人均年用电量达 961kW·h。

六志水电站拦河坝解决了当地群众出行难的问题

农村电气化建设，有效地改善了农村生产、生活环境，提高了农村基础设施建设水平，促进了农村经济的发展。带动了县办企业、乡镇企业、农产品加工业的发展，农村富余劳动力得到安置，农业生产条件得到明显改善，山区经济正向着和谐快速发展的方向迈进。

随着农村电气化建设的不断发展，世居深山的广大群众，告别了煤油灯的时代，电灯、电视机、电话、计算机等因"电"而生的家用产品也随之进入寻常百姓家，改变了群众的生活方式，在促进农村精神文明的建设同时，使农村也步入了信息化时代。

一个个农产品加工坊、一个个专业种植户、一个个专业养殖户、一个个农家乐的悄然兴起，农村电气化建设不仅带富了一方群众，也成为建设美丽乡村、实现同步小康的奠基石。镇宁，社会文明进步的脚步在新农村电气化建设的推动下正在积极健康的向前发展。

三、小水电　新使命

小水电开发不仅是水利建设的重要内容，也是能源建设的重要方面，且与农民

六志水电站动力渠道及压力钢管

利益、地方发展、环境保护、生态建设等紧密相关。

镇宁自治县两河流域的水能资源均处于地理位置偏僻、边远的封闭山区，这里的村民们生产生活长期处于落后状态，生活燃料以就地取材，砍伐树木为主，生态长期被破坏。

近年来，在红辣河上陆续建起六志水电站、弄贯水电站、落务水电站，改扩建了下河头电站后，使广大百姓告别了原始的生活方式，步入电气化时代，家家户户用上了电炊具，也使得镇宁生态环境得以修复和保护。同时，还把他们从繁重的家务活中解脱出来，去从事其他的活动。

从1983年镇宁被列入全国初级电气化县以来，随着一个个小水电站的建成投入运行，进一步扩大电力在农村的应用水平。让深居深山以砍伐树木为生活燃料群众的改变了生活习惯。同时，农村电气化建设也带动了道路等基础设施建设，有效促进农村基础设施条件改善，带动一方经济的发展，带富了当地的百姓。

"十二五"期间，镇宁完成两座水电站的开发，新增装机容量8200kW，并对关山、落洼、安定3座水电站进行增效扩容改造，水电站装机容量从18800kW增加到21800kW。随着"十三五"期间八大、板岩等一批水电站的建成，将对促进镇宁经济发展、改善群众生产生活条件、推进镇宁社会化进程等方面起到不可小视的作用。

南部山区的翁元水电站，2005年在水电站建设初期，电站业主投入250万元资金修通了简嘎至翁元村途经纳孝村、翁解村12km的公路，并又投入120万元修建桥梁联通河对岸的岜怀村，这只是水电站的建设中，改善基础设施条件、促进农村公益事业发展的一个缩影。

据了解，在关山水电站、弄贯水电站、下河头水电站建设时，同样先行修通了28km的公路，并每年花费16万余元对建成的公路进行维修养护，从根本上改变了当地农民群众出行难、运送生产生活资料靠人挑马驮的状况。为方便农民机器耕作，弄贯水电站还出资在水电站河道两岸修筑了机耕通道，为农村实现农业机械化创造了条件。

小水电的开发和利用开创了农村电气化县建设道路，发挥小水电的多重效益，

水电站业主为六志村安装的路灯

为促进当地农民增收、农村公益事业发展、改善农村基础设施建设和减轻农民负担等发挥了较大作用，业主在项目建设上尽最大努力惠及农村群众，不同程度的解决周边村寨的交通、通信、饮水及村委办公环境等问题。为顺利开发农村水电，部分开发商还主动承担周边群众部分电费，并全部承担农灌电费。在公开招考时，优先录用当地群众为水电站管理人员。长期扎根于山区中的水电站，受到当地群众的赞扬，获得无数的"点赞"。

经统计，近年来，小水电的开发为周边村寨修建提灌站3座、沟渠16km、铺设输水管道15km，提供农田灌溉抽水机40台（套），解决灌溉面积1850亩；修建通村公路18.1km，便民人行桥4座，大大方便了周边农村村民的出行；修建公厕、垃圾池等，根本上改变了部分农村脏乱差的现象，改善了村容村貌；企业还每年支助周边村寨发展资金14万余元，改善农村基础设施；由于水电站建设，给当地农民就近提供劳务输出便利，为当地农民增收创造了良好的条件。

小水电作为清洁可再生能源，在提高农村电气化水平、带动农村经济社会发展、改善农民生产生活条件、保障应急供电等多方面做出了重要贡献。特别是在减排温室气体、保护生态环境、促进生态文明建设等方面发挥了重要作用。

四、小水电　新展望

镇宁自治县作为国家扶贫开发重点县，经济落后。新农村电气化县建设推动了镇宁农村水电的发展，发展了镇宁的县域经济，加快了水电农村电气化的进程，改善了生态环境，惠及了农村、农民，是党的一项强国富民政策，也是发展县域经济的一个重要途径。同时，镇宁红纳河流域仍有3座电站4.46万kW装机待开发。

国发2号、黔党发15号文件的出台，给镇宁自治县经济社会发展带来千载难逢的机遇，也为水电新农村电气县建设注入了新的活力。

"镇宁自治县水能资源计划于'十三五'中期开发完成，开发完成后的镇宁农村水能资源总装机容量将达到13.61万kW，年平均发电量达5.765亿kW·h，年水电产值达1.38亿元。"杨晓松说道，小水电建设将给镇宁自治县带来可观的经济效益和社会效益，一是可以向镇宁自治县上缴税收约830万元；二是为国家西电东送提供一定的电量；三是可为镇宁农村提供大量的电量；四是为镇宁经济和社会的发展提供可靠的电源保证，为镇宁经济和社会的发展奠定良好基础。

"十二五"期间建设的六志水电站

2015年是"十二五"收官之年，也是"十三五"谋划之年，镇宁新农村电气化建设正步入新的征程，承载着生态文明建设的新使命、新展望。镇宁水利，将以全面开发、合理利用水能资源为奋斗目标，实现覆盖广大农村用电，保护生态环境的可持续性。镇宁水利，正以发展为主题，以提高贫困地区社会生产力水平和改善生态，保护环境为出发点，以改革和科技创新为动力，加快农村水电和电气化县建设，全力走出一条电气化建设与经济社会全面发展的道路。

（作者单位：安顺日报社）

舞阳河为你作证
—— 黔东南州水电建设发展纪实

王能武

"两山夹溪溪水恶，一经秋烟凿山脚。行人在山影在溪，此身未坠胆已破。"这是林则徐途经舞阳河时留下的著名诗句。

一个半世纪过去了，在这条贵州东部的长江支流上，先后建起了"红旗""观音岩""诸葛洞"等水力发电站。这片流域的命运，从此与"水电"息息相关。

从20世纪70年代"红旗水力发电厂"开始建设，到1994年黔东南州地方电力总公司成立，再到黔东南地电成为全省目前唯一的拥有自供电区域的地方电力企业，无论是从体制性的探索改革还是技术性的改造升级，舞阳河干流的小水电建设都经历了一个较为漫长的过程。舞阳河干流的小水电建设，一度被认为是贵州省小水电开发运营的一个范本。

一、历史：光荣与梦想

黔东南州地方电力总公司的前身是舞阳河流域的红旗、观音岩两个水力发电厂和舞阳河水利电力公司。

一个个历史时间节点，见证了黔东南地方电力曾经的辉煌、光荣与梦想。舞阳河干流的能源优势，在20世纪70年代被赋予开发意义。

1970年春节，镇远乡村的炮仗还在地上欢腾跳跃的时候，一支由贵州水利水电设计院派出的队伍开拔到舞阳河开展勘测设计，一场水电革命在这里悄悄开始。

同年5月，贵州省水电厅计划立项投资建设"红旗水力发电厂"，并由州水电局组织施工。"难啊！那时候真的很难！"当年参与修建红旗水力发电厂的87岁老人姚本书回忆这段历史时，不由得感慨万分。那时候没有大机械，全靠人力，为了一方光明，数千人参与了这场建设，10名员工把生命献给了红旗水力发电厂，长眠于此。

1981年，历经11年建成的红旗水力发电厂点亮了第一盏白炽灯，欢呼声一浪超过一浪。红旗水力发电厂装机容量12800kW，库容0.58亿 m³，属中型水库，年发电7000万 kW·h。舞阳河流域的镇远、施秉、黄平、三穗等4个县享受到了来自舞阳河本身的电力。然而，红旗水力发电厂点亮的不仅是万家灯火，它还点亮了黔东南的工业——黔东南的工业从镇远起步，镇远的工业因红旗水力发电厂而发出了嫩芽。由于红旗水力发电厂提供了丰富的电能，镇远县先后建起了黄磷厂、水泥厂、铁合金冶炼厂等创汇创税企业，由此开启了镇远的"工业时代"。

1983年，在"红旗水力发电厂建成"的继续发酵下，镇远、施秉两县成为全国电气化第一批试点县。当年，全国共有100个县作为第一批试点，西南边陲的舞阳河流域有两个县入围试点，这不得不令人惊讶。

1986年，在舞阳河的上游，施秉县境内，观音岩水力发电厂在这里开工建设。

1991年，观音岩水力发电厂投产发电，装机容量12600kW，库容1.23亿 m³，属大Ⅱ型水库，年发电5700万 kW·h。

1994年，经州政府批准，红旗、观音岩两个水力发电厂和舞阳河水利电力公司合并组成黔东南州地方电力总公司，是州属国有小水电企业，总装机容量25400kW，负责调度舞阳河电网的发、供电调度和两个电厂水库的防洪工作。

几代人的接力，黔东南地方电力越办越红火。在大电网的冲击下，贵州各地的地方电网纷纷失去独立性，但黔东南地电依然在这一领域拥有自我的话语权：黔东南州地方电力总公司是贵州省目前仅有的一家拥有自供电营业区域的小水电企业，固定资产总值从1994年的几千万元上升到2亿多元的规模。现在公司正渐入佳境，走向稳健，无论拓展到哪儿，黔东南地电都会坚守信念，做一个品质无疆的企业榜样。

二、"地电"：用心书写"地"字

"企业与地方和社会之间的关系，就像鱼和水的关系。黔东南地电就像一条小鱼，经过这么多年的成长，这条鱼已经大了，但却永远不会忘记，水是自己赖以生存的生命之源。"黔东南州地电总公司常务副总经理张中勤的恳切话语，让人更容易读懂黔东南地电更深层次的企业精神。

红旗、观音岩水力发电厂分别于1981年和1991年建成投产发电，主要供给黄平、施秉、镇远和三穗4县的市政生活用电和工业企业供电。

20世纪80—90年代，大西南深处的贵州农村，很多人对"电"的认识还只是一个概念和印象。而那时候的舞阳河流域，城乡用电已经很普遍，成为一种稳定的常态。这让周边县市对地方水电感到了羡慕。"点亮的不仅是灯，还有希望，还有人的凝聚力。"81岁的红旗水力发电厂原党委书记袁光治这样总结。

黔东南州整合成立地方电力总公司后，整个地电网络为舞阳河流域经济发展特别是工农业生产做出了重要贡献。

"敢于让利，服务地方发展。"这是黔东南地电的真实写照。在网内直供的西秀、青松、锌厂和黄磷厂4个企业中，黔东南地电以0.43元/（kW·h）的电价直接向用户供电，低于国网电价0.1131元/（kW·h）。这项大胆的服务举措大大地降低了企业运营成本，此举直接催生了直供企业发展的内增力。

不仅让利于企，黔东南地电同时还让利于民。一是解决当地就业。观音岩和红旗水力发电厂共253名员工当中，除了大、中专毕业生和援建人员就地安置外，20%的员工则来自水力发电厂当地居民和库区淹没村寨失地农民，有效缓解了当地的就业压力，维护了社会的和谐安定。同时，在公司电力产品下游的直供企业中，安置当地下岗失业等人员就业多达400余人，联动解决旅游、手工制作等服务行业人员就业200多人。二是以优惠电价向周边村寨供电。自黔东南州电力总公司成立以来，早期曾免费向镇雄关、红旗屯、杨旗屯等4个库区村寨约200户人口供电。后期以优惠电价进行供应，每年平均让利近3万元，水电站投产按30年推算，累计优惠了100余万元的电费。红旗屯村干部钟国和说："有时候我们过意不去，他们就每季度每个村象征性地收100元。要按正常电费来说，哪止100元哟！"

在另一个更为直观的层面上，更能体现黔东南州地电总公司"服务地方"的功能——财政贡献。公司每年都分别向施秉、镇远以及和州级财政上缴利税，自1994

年成立总公司以来，公司已累计完成利税 13206 万元。仅 2014 年，全年上缴各种税费合计 977 万元。

50 多万元，这是近 5 年来黔东南州地电总公司投入社会扶贫资金总数，先后资助丹寨长青和观么、剑河磻溪、施秉白垛和元江哨等乡（村）修建基础设施，并资助 50 户贫困家庭发展家禽养殖。

三、"水电"：释放"担当"内涵

红旗、观音岩水力发电厂水库大坝分别把水流湍急的舞阳河拦腰截住，犹如古代之雄关，大有一夫当关万夫莫开之势，一次又一次地守护住了下游群众的生命财产安全。

观音岩水力发电厂属舞阳河梯级开发的第 4 级水电站，水库为大（2）型，坝高 82.1m，总库容 1.23 亿 m^3，正常蓄水位以下调节库容 1.167 亿 m^3，具有不完全年调节性能，水库设计洪水标准为 100 年一遇，校核洪水标准为 1000 年一遇；红旗水力发电厂属舞阳河梯级开发第 6 级水电站，水电站水库为中型，总库容 5800 万 m^3，有效调节库容 2040 万 m^3，水库设计洪水标准为 50 年一遇，校核洪水标准为 500 年一遇。

"1980 年的洪水冲垮了立德粉厂，冲断了平宁公路……"施秉城关镇平宁社区老人卓尚兵回忆说，从修了舞阳观音岩水力发电厂后，10 多年没看见这么大的洪水了。"政策好了，我们可到河堤上散步、跳舞、侃门子。"

1996 年 7 月，几乎整个南方都陷入了不同程度的洪水灾害。由于红旗、观音岩水力发电厂水库有效错峰拦蓄舞阳河汛期洪水，缓解了 20 年一遇的施秉县城防洪工程及 30 年一遇的镇远县城防洪工程的防洪压力，保住了下游县城人民生命及财产安全。

"如果没有这两座电站水库拦截，施秉和镇远洪灾损失无法估算。"黔东南州地电总公司工会主席、高级工程师刘太平这样表述，"在突发性的洪灾面前，我们的水电发挥了应有的作用，这是我们最基本的担当。"

刘太平嘴上说得轻松，实际上，那是一段段惊心动魄的瞬间，那是一个个时刻面临生与死考验的日子。历史虽已过去，那些深刻的事迹却让水电人难以忘却。

时间回到1997年7月2日，红旗水力发电厂水库。水库大坝水位超警戒线，达509.07m，六扇闸门全部打开，下游（厂房尾水）水位达到408.37m，已经超过厂房防洪门1.5m，全厂干部职工奋不顾身，用身体抵，用沙袋堵，用棉絮塞，硬是在水位高于厂房大门1.5m的情况下坚持了5个多小时，未让一滴水流进发电机，确保了4台机组的安全运行；保证了舞阳河流域施秉、镇远县正常生产生活及防汛抗洪抢险用电。

"红旗电厂，红旗不倒！"这是长江流域防洪检查专员李治光喻视察红旗水力发电厂时对这件事的高度评价。

同一时间，在另一个水电站观音岩水力发电厂，女职工龙晔率领检修班要过河去厂房抢修线路，洪水已把唯一的过河桥淹没了，眼看着过不去人了，但是机组急需检修，刻不容缓。龙晔和另外两个女职工不顾被洪水冲走的危险，咬着牙硬是从洪水淹胸的桥上通过。当问起当时是否害怕时，龙晔回忆说："怕，当然怕，那水势很吓人，浪头打过来能淹没人。但当时只有一个念头，就是确保厂房正常运转。"

2014年7月中旬，在舞阳河上游黄平县两岔河水库排险战役中，黔东南地电总公司旗下的观音岩水力发电厂水库再次发挥了重要作用：观音岩水力发电厂全闸打开，流量达567m³/s，再一次保住了下游人民的生命财产安全。此次险情，中央政治局常委、国务院总理李克强做出重要批示，要求国家防汛抗旱总指挥部及前方工作组协助指导贵州省全力做好抢险处置工作，尽最大努力避免溃坝，尽快全部转移并妥善安置受威胁人员。

"可以说，2014年的两岔河排险，是考验我们水电站调洪的关键大事。全省全国全州都在看，实际上最终我们地方水电交出了一张抗洪抢险"大考"的满意答卷。"黔东南地电总公司总经理张骥说。

四、生死线：奋战在凝冻的2008年

2008年的凝冻之战，黔东南地方水电支持抗冰雪和地震灾害取得重大胜利。黔东南州地电总公司在各路抗凝大战中拔得头筹，被黔东南州人民政府评为"抗雪凝

先进集体。"总公司副总经理殷明被省人民政府评为"先进个人"。

回忆那段生与死，殷明眼中依然闪烁着坚定：如果再来，依然无悔选择，因为那是水电人的使命。

2008年1月中旬，黔东南州遭受到了50年不遇的雪凝天气，电网安全受到极大威胁。这时，地方水电"分散分布、就地开发、就近供电、启闭迅速"优势充分凸显出来。这个优势让黔东南州地电总公司在救灾中担当起了至关重要的角色，作为黔东南州、凯里市两级重要行政机关和凯里发电厂机组启动的外部备用电源。

这意味着，排除电力险情，成为黔东南州地电总公司的首要任务。否则，一旦出现失误，全州16个县将可能陷入真正的瘫痪。

生病在床的公司副总、技术领头人、省劳动模范殷明坐不住了。他主动请缨，担任抢修突击队总指挥。

2月27日上午，大雪封山已经1个多月了。离镇远县城约40km的江古乡江古村八老组出现电力险情，殷明再次请求带队抢修，同事们已经记不得这是殷明第几次带队抢修了。

爬坡上坎，钻树林，拉导线，跑前跑后调度指挥，殷明强调队员们的安全，他却把自己忽略了。

2月27日下午4时30分，突击队抢修到江古至大岭线路的37～38号杆，由于两基电杆各在一个山顶上，挡距大，树木丛生，必须砍树剪挂，当剪到倒数第二挂时，因导线张力较大，最后一个挂点自动脱落弹起，导线迅速拉直，强大的弹力将正在指挥的殷明同志整个人弹飞起来，然后重重地摔到深达20多米的山坳，殷明当时头部和身体多处重伤，已没有了意识。

当晚22时，经专家组联合会诊：殷明同志双侧额颞叶脑挫裂伤、外伤性蛛网膜下腔出血、颅骨线形骨折，生命垂危。"生死线！"这是专家组对殷明病情的看法。而殷明深知，电力对于抗凝冻保民生的重要作用，那才是真正的生死线。

五、使命：新征程更加美好

观音岩和红旗水力发电厂水库把原本凶险的河段变成了舒缓的河面，人工造就了"高峡出平湖"，构筑了黔东南独有的世外桃源。舞阳峡谷被评为国家级风景名胜区，游客蜂拥而至，名声远扬。目前，舞阳河流域运营有多家旅游公司，招揽着国内外八方游客，极大地繁荣了旅游经济，带动了黔东南相关服务产业的发展。

与此同时，一条关于渔业养殖的产业链条也正在库区形成。观音岩和红旗水力发电厂水库的修建，改变了库区周边许多贫困家庭的生活，他们靠水产养殖起家、致富。据不完全统计，每年从库区销往外地的鲜鱼达50t，销售收入在200万元以上。

观音岩和红旗水力发电厂库区的形成，还极大地改善了舞阳河流域的水质和环境气候，据环保部门监测，库区水质达二类标准。如今河流及周边栖息着大量的桃花水母、银鱼、鱿鱼、鸳鸯和野鸭等多种珍贵生物。目前，施秉县正在观音岩库区筹建水源取水站，拟对施秉县城及工业园区用户供水。

扶贫增收，地缘旅游，绿色生态，这是"水电"的"意外收获"，但却在情理之中。而这样的收获，并非每一个水电站水库都能拥有。这需要水电人拥有良好的民生理念和生态理念，以及一颗大爱的心胸。

2015年，中共中央、国务院印发《关于加快推进生态文明建设的意见》，随后又推出了《关于进一步深化电力体制改革的若干意见》。

新的形势赋予了地方水电新的时代使命。黔东南州地电总公司始终关注中央政令，在新形势下毫不犹豫地担起新使命，根据市场和地方需要不断调整新方向。

张骁用"三个更加"表述了今后的工作：黔东南州地电将更加注重水电站增效扩容改造，更加重视地方发展和社会效益，更加重视发挥水工程的生态功能和环境效应。

在新形势新政策的刺激下，关于地方水电发展的新一轮谋划，正在黔东南州地电总公司缓缓生成。

大风起兮，云飞扬。扬帆起航，需要莫大的自信和勇气。黔东南地电人已经用行动诠释了"水电"的含义，如今，他们又肩负着新的使命，再一次站在了改革的前端，期盼着以更加强壮的电网之躯，屹立在坚冰猛雪面前，以更加坚韧的河坝雄关，守护这片大地的安详之夜，迎接黎明的那一缕阳光。

（作者单位：黔东南州地方电力总公司）

青龙河畔的一颗明珠
—— 云南华宁县青龙镇葫芦口水电站增效扩容改造纪实

赵鹏程[1]　刘　颖[2]

葫芦口水电站位于云南省玉溪市华宁县青龙镇青龙河中段，1989年建成投产，属径流引水式水电站。因建成年久，电力设施、设备老化，发电综合效益逐年递减，电站发展陷入困境。2013年，葫芦口水电站列入云南省农村水电增效扩容改造项目。东风渐来满眼春，借助这一机遇，葫芦口水电站旧貌换新颜，重新焕发生机，成为青龙河畔的一颗明珠。

葫芦口水电站

一、切实推进实施

葫芦口水电站原装机容量2000kW，设计年发电量860万kW·h，由于水电站年久失修，存在水工建筑病险严重、金属结构锈蚀、机电设备和送电设施老化等问题，安全隐患突出，故障多、出力低、水能资源浪费严重。年平均实际发电量仅为342万kW·h，年平均收入不足50万元，人员经费、运行维护入不敷出，面临事关生存发展的严峻局面。

在水利部、财政部大力支持下，葫芦口水电站增效扩容项目于2013年12月开工建设，省、市、县水利部门积极帮助项目业主协调解决问题，如项目招投标、财政资金调度、施工环境协调等，有力推动了工程建设进程。葫芦口水电站自觉履行水利水电工程基本建设程序，认真落实项目法人负责制、招标投标制、工程监理制和合同管理制，严格工程建设管理和

简单实用安全的升压站

资金管理，项目负责人和技术负责人严把关口，严格要求，全程跟踪施工建设、设备采购安装、质量和安全生产等重要环节，增效扩容改造项目进展顺利。2014年6月29日试机发电成功，7月1日正式并网发电并投入商业运行，7月5日，项目通过市水利局、市财政局项目启动验收和完工验收，如期完成《农村水电增效扩容改造责任书》规定的建设任务，成为全省101件农村水电增效扩容改造项目的排头兵。

二、服务美丽乡村

葫芦口水电站所处的青龙镇是华宁县的优质烟叶主产区，青龙河是沿岸青龙社区和革勒、海遮村委会近2000亩农田的重要灌溉水源。葫芦口水电站通过增效扩容改造，从濒临倒闭的老电站改造成为崭新的微机自动化电站，近一年的运行创造了电站历史上最好的发电及经济效益。饮水思源，葫芦口水电站坚持环境友好、社会共享、经济合理、安全高效的绿色小水电目标，在加强自身管理、提高服务质量、争创更多效益的同时，将增效扩容项目融入强农、惠农工作，助推美丽乡村建设。

在实施增效扩容改造项目中，葫芦口水电站创造条件筹措资金，以便利群众生产生活为重点，加大基础设施配套建设力度。以解决群众家门口难题为切入点，最

大限度惠及民生。投资 110 万元，对集灌溉、发电为一体的 2.5km 引水渠道进行防渗加固改造，解决了渠道开裂渗漏、淤堵不畅的问题，供水保证率极大提高，渠系水利用系数增加至 0.6，为当地农业生产提质增效提供了可靠的用水保障。投资 15 万元，在电站取水坝附近新建 50m³ 蓄水池 1 个，整修、扩建乡村公路 820m，海迤村 350 人的饮水安全和交通出行状况明显改观。此外，免费为村民的看果房供电，彰显了帮扶村民脱贫致富的拳拳之心。

水电站建成后，按发电标煤耗 330g/（kW·h）计，每年可节约标煤约 0.36 万 t。为小水电代燃料等生态工程建设提供了清洁的能源。采取工程和非工程措施，增设无控制生态泄流孔，确保按照日常常流量的 10% 下泄生态流量，维护了河流的原生态环境。此外，引水渠道保护范围内植树、植草 190 亩，有效遏制了水土流失，营造了渠内流水潺潺、渠外田野青青的美好图景。葫芦口电站改造后，厂房总体面貌焕然一新，独具风格，提升了周边农村的品位，是青龙河上体现水景观、水生态特色的一张名片。

葫芦口水电站增效扩容改造，不仅提高了水能资源利用效率，促进节能减排，消除安全隐患，还改善了农村周边生态环境，惠及当地群众和地方发展，推动美丽乡村建设，是一项利国惠民、人民群众真切享受到实惠的民生工程。

（作者单位：1. 华宁县葫芦口水电站；2. 华宁县水利局）

增效扩容后的新机组

强企 惠民 利国
—— 云南腾冲县农村水电增效扩容综合效益显著

周 光[1] 杨映辉[2]

腾冲县西山脚水电站、花枝坝水电站及大石房水电站被列入 2013 年全国实施的增效扩容改造项目，3 个水电站均位于云南省保山市腾冲县固东镇境内，是国家实施小水电增效扩容改造，实现强企、惠民、利国的典型代表。3 个项目于 2014 年 2 月 8 日同时开工建设，水电站改造期间曾得到水利部原副部长胡四一、云南省有

腾冲北海湿地

关市（县）领导的现场指导。项目实施过程中，严格执行基本建设程序，严格执行法人责任制、招投标制、监理制、合同制，精心组织，规范管理，通过参建各方的共同努力，于 2014 年 10 月 10 日全面完工，11 月 28 日通过了保山市水利局和保山市财政局共同组织的完工验收。

3 个水电站增效扩容改造前总装机容量 1085kW，增效扩容改造后总装机容量 1900kW，装机容量增加 815kW，容量增长 75%，批复总投资 756.2 万元，完成总投资 818.63 万元。3 个增效扩容电站通过改造强壮了"自身"，增强了企业发展后劲；服务了农业、农村工作，农民得到了实惠；电站、电网安全稳定运行，促进了当地社会物质文明、精神文明和生态文明建设。

一、强壮"自身"，后劲十足

腾冲县固东水力发电公司秉承"顺以民为本造源，实以民为本而生""始为用户皆满意，终为用户同需求"的经营理念，按照安全、高效、创新、和谐、秀美的原则改造水电站。建设中注重环境、社会、经济和安全要素，建后实现了环境友好、社会共享、经济合理、安全高效的绿色小水电目标。公司严格执行行业管理规定，遵章守法，细化管理，同步加强职工队伍培训，在改造电站硬件设施的基础上，向管理要效益、向安全要效益。3 座电站改造前每年发电收入 79 万元，改造后每年发电收入 189.6 万元，年收入增长 140%，大大增强了企业发展后劲。

二、服务"三农"，惠民实在

在农村水电增效扩容改造项目建设中始终坚持服务"三农"的宗旨，着力改善农村基础设施，努力提高电网供电质量及农村用电水平，保护农民的合法权益、促进农民增收、帮助农民脱贫致富。该公司所辖的西山脚、花枝坝、大石房 3 座水电站，都是农业灌溉、人畜饮水、发电为一体综合利用的农村水电站。大石房、花枝坝两座电站的引水渠道与河头村的东坪大沟共用，涉及农田灌溉面积 5400 亩，西山脚水电站的引水渠道与罗坪村的罗坪大沟共用，涉及农田灌溉面积 6528 亩，通过农村水电增效扩容改造项目的实施，公司对东坪大沟和罗坪大沟进行了全面升级改造，使两条渠道输水通畅,渠系水利用系数由改造前的0.45提升至0.80,使东坪、罗坪大沟所覆盖的农田灌溉、人畜饮水更加可靠,供水保证率达100%,电站增效扩容改造工作受到了两条大沟沿线群众的欢迎和支持。增效扩容改造后,电站发电量增加了,收入增加了,对电站周边的村民委员会、农户给予回馈,使当地村民委员会、农户得到实实在在的实惠。一是农户电价大优惠。花枝坝、大石房水电站所坐落的河头村老湾塘社是两座水电站的直供电片区,全社共有57户农户,生产、生活年用电量在7.0万多kW·h,公司采取每户每月先减免15kW·h的电费后,再按0.20元/(kW·h)电价收取剩余用电电费,该电价远远低于当地现行农村电力供电0.4255元/(kW·h)的电价,仅此一项,公司每年回馈河头村老湾塘社农户2万多元。二是支持村组公益事业。公司主导对河头村老湾塘社新修了寨子内道路,捐款5万元;附近修建小学、村组道路,公司拿出2万元给予支持;当地村民委员会、农户遇到困难情况时,电站都能积极给予人力、物力、经济等方面的全力支持。三是积极支持村社工作。公司对西山脚水电站所坐落的罗坪村民委员小河口社,采取每年定期补助2万元的新农村建设经费,鼓励和支持村社开展村务活动,提高了村社干部为老百姓办事的积极性和办事效率。

三、农村水电增效扩容综合效益显著

农村水电增效扩容改造促进了节能减排、河流综合治理、防治水土流失、巩固退耕还林和天然林保护生态建设成果、提高森林覆盖率、改善生态环境等方面起到了积极、有效的作用。改造后,可向社会提供948万kW·h的清洁电能。前些年,由于项目区是高寒贫困山区,长期以来农民的生活以砍伐木材为主要燃料,长年砍伐,使水电站周边的山林遭到了严重破坏,造成水土流失严重,生态环境恶化。如今水电站周边的农户100%解决了以电代燃料的问题,水电站周边的农户都用电来烧水、煮饭、取暖,每年节约木材约9848m^3,每年减少砍伐天然林950亩,每年减少排放一氧化碳289t,二氧化碳9392t,烟尘42.2t,为保护生态环境做出了贡献,显现出了良好的生态效果。实施增效扩容改造后,3座水电站整体发生了根本性变化,厂区环境整洁,设施规范,制度健全,提高了运行自动化水平,消除了水电站安全隐患，提高了水电站的综合能效，提高了水能资源利用率，发电综合效能提高140%，电站按照水电站现行技术标准进行装备，实现了"无人值班，少人值守"，改造效果非常显著。经调查，当地村民委员会、农户对公司的满意度高达100%，公司与当地群众互相尊重、和谐相处、共同发展，呈现出一片欣欣向荣景象。

（作者单位：1.腾冲市水务局；2.保山市水利局）

青山环抱的代燃料项目区

美了山川　乐了农民
—— 小水电代燃料让云南新平县农民烧火不用柴，生活亮起来

徐元锋

　　从云南省玉溪市新平县出发，车子在哀牢山腹地穿行两个多小时，记者来到了建兴乡。7月中旬的哀牢山绿意葱茏，虽是晚饭时分，却不见炊烟袅袅。乡长李永安乐呵着解释："乡亲们如今用电做饭，很少烧柴火了。"

　　原来，建兴乡整乡推进了"小水电代燃料工程"，全乡7个村委会用电0.283元/（kW·h）。腊鲁村的彝族姑娘李美英说："电费便宜，谁愿意做饭烟熏火燎的！"如今，"烧火不用柴，生活亮起来"，成了这个大山里民族乡的写照。

一、以林蓄水，以水发电，以电护林，生态循环，几乎不砍柴，多年不见的野猪又出现了

建兴乡马鹿社区都乐寨陈玉光家的房子好气派：两层小楼，栽花种草，真有点别墅的味道。只是厨房没在"别墅"里，而是"分体式"建在室外。这都怪厨房里的一口"二八铁锅"，锅下面是个一米见方的大灶台。这要摆在屋里，用不了几天就把楼房熏黑了！

如今，陈玉光家的铁锅基本"下岗"了，除非逢年过节亲戚朋友来家做客吃饭，平时家里做饭都用电饭煲、电磁炉。走出陈玉光家，街边一条标语很显眼：小水电代燃料，美了山川，富了农民！

新平县电气化办公室主任杨云科介绍，2011年，挖窖河小水电代燃料水电站建成投产。水电站有两台2000kW的发电机，设计多年平均年发电量1800万kW·h，覆盖建兴全乡200多km²的面积，惠及1.7万多彝族、哈尼族、拉祜族等少数民族群众。

顺着一段崎岖泥泞的山路，记者下到山脚挖窖河边，小水电发电机正在隆隆运转。挖窖河水电站的杨站长告诉记者，新平小水电代燃料项目共完成投资3822

项目区生态保护成果

项目区生态保护成果

万元，分三个部分：新建水电站投资近2900万元；新建水电站送出工程35kV输电线路4km，投资近60万元；电网线路改造项目等。

李永安介绍，建兴乡退耕还林区、自然保护区、天然林保护区和水土流失重点治理区"四区"面积共有16万多亩，境内的黄草坝水库是玉溪市第二大水库，保护生态任务很重。而小水电代燃料，让建兴乡走上了一条"以林蓄水，以水发电，以电护林"的生态循环之路，以前农民砍柴主要是烧火做饭和煮猪饲料，如今做饭用电，喂猪多用生饲料，几乎不砍柴了。家住彝家小寨的龚绍生说："这些年山上树多了，多年不见的野猪又出现了。"

新平县还把代燃料项目与新农村建设结合起来，整合多个项目在建兴乡改厨、改水、改厕，让乡亲们的生活真正"亮起来"。

二、一年能省2000多元柴火钱，用电价格便宜了近一半，很多劳动力解放出来忙致富

用上小水电，给乡亲们带来的经济上的实惠也实实在在。龚绍生给记者算了一笔账：以前上山砍柴，拖拉机能装五六车，买的话一车两三百元，一年光烧柴火就得2000多元！新平县林业部门调查，当地4口之家户均年耗柴量为5000kg，自家砍柴的话要花36个工日，如果折合费用，近3000元。

实行小水电代燃料项目前，建兴乡农民的电费是 0.45 元。项目建成后，每年用电量为 1200kW·h 以内，项目区农民享受 0.283 元／（kW·h）的优惠电价，超过这个额度按阶梯电价执行。按照每户每月用电 100kW·h 计算，1 年电费也就 340 元。实际上，2010 年项目区代燃料户平均 1 年的电费还不到 74 元。

挖窖河代燃料水电站

不再砍柴围着锅台转，陈玉光的媳妇在家养了 8 头猪，还照看着 300 多亩核桃树和桃树。李永安介绍，用上代燃料小水电解放了劳动力，乡亲们有的外出打工，有的在家搞编织、搞养殖，农村的生产要素进一步被"激活"。乡干部还领着记者来到哀牢山深处，大片的露水草和龙胆草在路边铺展。发展中药材产业，让还不富裕的建兴乡充满希望。

代燃料户电器

三、建议小水电代燃料项目国家能直补已有电站，贫困群众盼国家补助改造户内老化线路

杨云科介绍，项目区实行所有权、经营权和使用权"三权分离"的管理和运行机制：水行政主管部门履行出资人职责，监管代燃料水电站中的国有资产；水电站项目法人负责

建设，依法行使经营权；代燃料户在协会的监督下，享有低价使用代燃料电价的权利，又负有保护森林植被的义务。

何荣福是新平县挖窖河水电有限责任公司老总。他对小水电代燃料项目赞不绝口。

何荣福告诉记者，挖窖河小水电代燃料水电站是 2011 年建成投产的，按照政府规定，

代燃料水电站生态放水口

上网电价为 0.185 元 /（kW·h），虽然这个价格比普通的小水电平水期上网电价要低，但并不亏，因为建设挖窖河水电站共投资 2845 万元，其中国家投入了 1620 万元，其余的由何荣福自筹。

何荣福无偿使用国有资产，承担低价向项目区群众供电的义务，这个活他很愿意干。不过，国家投入部分为国有资产，老何只有"经营权"，也不能计提折旧计入发电成本，每年企业为此要多缴约 25 万元的税款。他呼吁水利部门和税务部门协调，减轻业主负担。

因为国家投入给业主和群众都带来实惠，新平县的小水电代燃料项目进展得很顺利。杨云科介绍，目前新平正在整县推进小水电代燃料项目，"这在全国应是首例"。

不过，杨云科也有困惑："实施小水电代燃料项目要求必须新建水电站，而许多地方小水电资源已经被开发得差不多了，尤其是'水头好'的地方早就被先占掉了，新建水电站一是选址难；二是容易造成重复投资。"杨云科建议，能否国家直接补贴已有水电站？他说："只要小水电业主承担起低价供电的义务，目的就达到了。"

眼下，建兴乡群众的用电量比以前明显增加了，但是户内线路老化问题突出，他们希望国家补助改造，消除安全隐患。"每户改造大约要一两百元，让群众自己掏钱去改造线路，没有积极性"，杨云科说。记者看到，一些群众家里尤其是厨房的电线，已经"烟熏火燎"的看不出样子，而建兴乡去年的农民人均纯收入只有 2716 元。

（作者单位：人民日报社）

班公湖畔的金太阳

周 双

班公湖藏语意为"长脖子天鹅"，位于西藏阿里地区日土县城西北约12km处，是中国日土县与克什米尔交界的原属于中国的内陆湖泊。中印战争之后，印度控制了中国藏南地区，班公湖随之变成了"国际湖泊"，东部在日土县境内，西部与克什米尔交界。乌江村坐落于美丽的班公湖边，是日土县日土镇的一个小乡村，距离日土县城及日土镇69km。全村有202户837人，老百姓过着半农半牧的生活。日土县北靠新疆和田地区，西与印控克什米尔地区接壤，是新疆进入西藏的北大门。全县辖1个镇、4个乡。日土镇是日土县县委、县政府机关所在地，新藏公路从日土镇里穿过。

乌江村貌

乌江水电站

乌江水电站

2008年，阿里地区利用国家无电乡村建设资金，在日土县乌江村修建了一座两台装机容量200kW的小水电站，2010年乌江电站建成后，乌江村结束了使用柴油机发电的历史。乌江水电站设计年发电量108.83万kW·h，由于村里用电负荷少，目前实际年发电量仅为20.75万kW·h，每天仅1台机组发电就可满足全村的生产生活用电。乌江水电站建成后，乌江村农牧民的生产生活条件明显改善了，不仅平时不再限时供电，而且磨青稞、打酥油都可以不用手工改用电动机械了，电费为0.7元/（kW·h）。

西藏被视为"万山之巅、江河之源"，水能资源丰富，技术可开发量1亿kW以上，居全国第二位。然而，和平解放以前，西藏没有一座现代意义上的水电站，广大农牧民群众用酥油燃灯、食用油和油脂照明，农畜产品加工全靠繁杂的手工劳动。1955年中国人民解放军在拉萨郊区夺底沟修建了西藏历史上第一座小水电站，由此翻开了西藏小水电发展的历史新篇章。西藏自治区成立50年来，西藏农村水电事业经历了从 20 世纪六七十年代的"小型为主、社队自办、民办公助、遍地开花"的发展模式，到 20 世纪八九十年代实施无电县建设、农村电气化建设、农网改造等项目的发展阶段，进入"十五"规划以来，实施了边境乡镇光明工程、"送电到乡"工程、小水电代燃料工程等。"十二五"规划期间实施的无电地区电力工程建设，实现了全区农村水电建设从稳步发展到跨越式进步，加快了全区无电人口用电问题解决的全覆盖。目前，全区农村水电站近 390 座，装机容量 23.53 万 kW，解决了 86 万有水无电地区农牧民的生产生活用电问题。

农村水电作为清洁可再生能源，对农村能源供应、生态环境保护、能源结构调整和固边稳边发挥了重要作用，对促进西藏经济跨越式发展、社会文明进步、人民安居乐业和全面建成小康社会还将发挥更大的作用。

（作者单位：水利部水电局）

西藏吉隆县口岸水电站　震后灾区的一盏明灯

邹体峰

吉隆县口岸水电站启闭机房

吉隆县口岸水电站位于西藏自治区日喀则市吉隆县境内的吉隆藏布，珠穆朗玛峰国家自然保护区内，装机容量（4×1000）4000kW，设计水头65.83m，引用流量9.68m³/s，水电站保证出力3767kW，年利用8505h，为径流引水式水电站。该水电站是自治区"十一五"规划建设的8座县级水电站之一，也是自治区"以电代薪"项目之一。该水电站于2011年5月开工建设，2013年10月投产发电。作为吉隆县的骨干电源，与宗嘎水电站并网构成县局域网，发电主要供吉隆县城和宗嘎镇、吉隆镇的25个行政村2738户、10094农牧民的代燃料用电。同时，为吉隆口岸开放后的商业发展及管理机构等提供安全、可靠的电力保障。

受2015年"4·25"尼泊尔8.1级强震影响，吉隆县城电力设施受损严重，县城陷入黑暗。受地震引起的强烈震动和山体滑坡、雪崩等灾害影响，吉隆县口岸水电站坝体及厂房出现轻度裂缝、压力管坡护岸轻度损坏、渠首启闭机排架及启闭房损毁、两台发电机机组受地震扰动零件烧损、液压制动系统无法使用、输电线路受损严重。经水利抗震救灾服务队员灾后连夜紧急抢修，吉隆县口岸水电站4月26

日 14 时实现对吉隆县城供电，4 月 27 日实现对吉隆镇抗震救灾指挥部、萨勒乡和救灾安置点供电，在此次地震中为灾区抢险救灾、应急供电和灾后重建发挥了不可替代的重要作用。

（作者单位：水利部水电局）

吉隆县口岸水电站

点亮山区幸福生活

王　剑

魏家堡水电站

2015 年 4 月末，陕南汉中盆地绿意盎然，油菜田里饱满的菜子预示着新一年丰收的希望。从陕西省汉中市宁强县二郎坝水电站变电所延伸出的线路，密如织网，纵横交错。

"以前二郎坝镇群众依靠砍柴烧火做饭，1997 年二郎坝水电站建成发电后，该镇 8 个村 1700 多名群众用上了电。而且，每度电费比正常收费低 0.15 元，群众很满意。"二郎坝水电站总经理刘书利说。

水能资源是陕西省贫困山区的优势资源。陕西立足资源优势，大力发展农村水电，努力让农村水电成为辐射和带动区域经济发展、农民脱贫致富的着力点和地方新的经济增长点。近年来，陕西省正视经济效益和生态效益的矛盾，坚持"经济发展不以牺牲生态为代价"，妥善处理水电建设与生态环境关系，建设"绿色水电"，让小水电点亮山区群众的幸福生活。

一、标准化建设的二郎坝水电站

陕西于 20 世纪 90 年代左右建起的一批水电站，机电设备老化严重，操作、控制、保护等方面不能满足农村水

改造后的牟家坝水电站

电站管理的要求，加之引水渠道长年失修，渗漏严重，造成水流大量损失，发电量逐年下降。

刘书利说："我们抓住水利部门实施水电站增效扩容改造这一千载难逢的机遇，在省市县水利、财政部门的大力支持下，把二郎坝等两座电站分别列入试点和2013—2014年项目。经过改造后，现在可随时监控发电机组运行状态，实现远程监控。一旦发生故障，计算机马上会显示报警，提供应急处理方法供参考，大大提高了水电站运行的安全性和可靠性。"

"无人值班、少人值守"的运行维护一体化管理模式，使原来电站"五班三值"变为两个班轮流倒换，一线生产人员大幅度减少，每年人力成本减少100万元以上。梯级水电站的三级卧龙台水电站技术负责人周开宇说："过去这个水电站是170多人的县级企业，增效扩容改造后，我们实现了无人值班、少人值守的自动化状态。"

二郎坝水电站

二郎坝水电站

二郎坝水电公司三级卧龙台电站

2011年，国家启动农村水电增效扩容改造项目，陕西省成为6个试点省份之一，并有35个水电站进入首批试点。在试点成功的基础上，2013—2014年共有50处水电站列入改造项目。现在，这50处农村水电增效扩容改造项目建设任务已全部完成，共新增装机容量2.8万kW，年新增发电量1.8亿kW·h。经过改造的水电站机组运行稳定，发电能力明显提高，发电用水消耗降低了8%，综合效率平均增加18%。同时，增加了河道生态基流量，一些兼有综合效益的水电站重新恢复了灌溉、供水能力。

"水电站通过改造，确保了下游12.2万亩农田灌溉任务，提高了灌溉保证率，在促进粮食增产、群众增收方面发挥了积极作用。"刘书利说："这个梯级电站的建成，改善了区域环境，当地水稻连年丰收。"

增效扩容改造提高了二郎坝水电站设备安全运行水平，机组过流能力从14.5m³/s

提高到 $16m^3/s$，促进了流域梯级优化调度，提高了水资源利用效率。同时，结合改造，整治环境，水电站形象彻底改变，厂区面貌焕然一新，成为环境优美、和谐自然的花园式水电站。

二、点亮群众幸福生活的曲江洞水电站

大河镇距离西乡县城 110 多 km，镇供电所工作人员王建说："受益于 2008 年建成的曲江洞水电站，全镇 8 个村 1000 多户告别了点煤油灯的日子，现在家家户户都用上了电视、电话、洗衣机、电磁炉等家电。"

西乡县曲江洞水电站

米仓山中这一精致小巧、干净整洁的小镇里，农民告别了烟熏火燎的尘烟污染，取而代之的是白墙红瓦、电光通明。这些变化，都得益于小水电的保障。据了解，镇上打算把剩余 4 个村 400 多户的用电问题抓紧解决。

曲江洞水电站位于大河镇境内大通江的支流巴水河上，电站利用米仓山南坡地下暗河自然落差而修建，采用封堵地下暗河、压力隧洞引水方式。2008 年 8 月并网发电至今，年均发电量 3400 万 kW·h。

　　"水电站装机容量 1 万 kW，利用的溶洞水水质、水量可靠，日调节能力可达 70 万 m^3，运行状况良好。"水电站技术负责人霍燕黎说："现在不但群众用电有了保障，生活质量也大大提高了。"

　　据了解，2011—2014 年，陕西省农村水电完成投资 43 亿元。陕西省以水电新农村电气化县、增效扩容、小水电代燃料等国家投资项目为引导，充分发挥市场融资作用，现已进入农村水电快速发展时期，年平均完成投资 10 亿多元，社会资本占 90%，年均新增 10 万 kW。

　　农村水电以民间投资为主，在壮大县域经济方面的作用十分显著。而今，无污染的水电产业已成为陕南部分县的重要支柱产业。在陕南山区农村，水电站建设还带动了交通、通信等基础设施建设提速。依托于此，山区群众可以及时将土特产卖到外地，很多人还办起了乡镇企业，走上了致富新路。

　　随着小水电项目的有序推进和水能资源管理工作的顺利开展，陕西省小水电建设与管理已经走上了科学规范的轨道，同时在提高防洪和灌溉能力、保障全省粮食安全等方面发挥了重要作用。

　　　　　　　　　　（作者单位：陕西省水利厅宣传中心）

小水电发挥大效益
—— 甘肃金塔县鸳鸯池水库坝后水电站管理纪实

邢正锋 仲 伟

    鸳鸯池水电站位于甘肃省金塔县鸳鸯池，始建于 1972 年，装机容量 3190kW，现已安全运行 42 年。鸳鸯池水电站是金塔县鸳鸯池水库重要的附属工程之一，担负着水库的调蓄、防洪、发电等任务，是治水办电、兴利除害，实现以电养水、促进水利事业发展、提高水资源综合利用率的重要基础设施和经济支柱产业，是鸳鸯

鸳鸯池水电站

池水库水利事业发展不可分割的重要组成部分。

一、挖潜改造添活力

发展和增效是水电站永恒的主题，也是实现单位增效和职工增收的重要渠道。对于一座运行40多年的老水电站来说，没有创新也就等于失去了发展的动力，也就没有了立足之本。因此，多年来水电站积极探索管理模式，深挖内部潜力，加快对设备的技术改造步伐。自1995年

升压站

开始，水电站总计筹资1300万元用以改善设备状况和技术增容改造。1995年投资195万元，新建了一台机组，装机容量800kW，装机总容量达到了2690kW。同时，对原有机组及主变控制电缆，各开关的控制电缆进行了更换，对水电站出线总开关保护屏进行更新，解决了线路存在的安全隐患，使水电站的安全运行系数有了明显的提高。2007年投入资金107万元，新增一台机组，装机容量500kW。通过增容，鸳鸯池水电站新增装机容量1300kW，装机总容量达到了3190kW，年发电量达到了1200多kW·h。2013年电站增效扩容改造项目批准建设，总计投资1018万元，对原有4台机组进行增效扩容改造，项目建成后将新增装机容量710kW，机组自动化管理程度、机组运行效率和安全系数将会得到更大的提高。

通过多年努力，设备的状况和技术性能有了改善；通过搞技术创新，水电站的发电量持续不断递增，现已达到1200万kW·h。

二、精细管理求效益

水电站装机容量虽然达到了3190kW，管理所却有着66人的庞大队伍，尤其是

1～4号主机

每年上游来水量不均衡，机组发电量受限较多。如何稳定职工队伍，提高经济效益和社会效益，打造好县域小水电招牌，摆在面前的既是考验又是挑战。水电站面对困难，迎难而上，坚持走改革发展创新之路，为开创一流的小水电站不断探索、追求。实行规范化管理，从管理中求效益，努力把小水电事业做大做强。

管理制度规范化。现代企业的管理靠的是制度管理，制度健全，管理有序，企业才能持续稳定发展。鸳鸯池水电站创建之初就制定了一系列的管理规定，并随着时代的发展，不断完善改进。岗位管理是对全体职工岗位的明确规范及职责要求，建立岗位责任制的目的是人人有专责，事事有人管，办事有标准，评比有依据，分工明确，责任到人。水电站的岗位责任制包括管理人员、生产技术人员、运行和检修人员岗位责任制等。在现场管理方面，水电站主要完善了交接班管理制度、操作管理制度、设备巡视检查制度、设备缺陷管理制度、备品备件及工用具管理制度、环境卫生管理制度、消防安全管理制度、人员设备安全管理制度，确保现场管理有序，按部就班。厂区管理制度方面主要落实了厂区环境卫生管理制度、安全保卫制度。运行管理制度方面制定了设备责任制、巡回检查制、定期试验维护制、定期切换制、工作票制、操作票制、运行分析制、清洁卫生制等。检修管理制度方面实行了设备责任制、设备维护保养制、质量负责及大修制、清洁卫生制等。并建立了长期有效的设备巡回检查制度，指定专人负责检查维护，做好检查检修记录，部门主要负责人，必须作为设备维护的第一负责人，分析设备健康状况，备足备品、备件，精通设备结构，提高技术水平，确保设备安全运行。严格落实技术档案及技术管理制度，水电站技术档案内容较多，一般有：各种规章制度，制造厂的设备原始资料、记录；发电机组的竣工图、备品图册；水电站的设计图、施工竣工图，与实际情况相符的各种系统图和运行操作图；水电站运行检修的各种记录；其他一些有保存价值的技术资料（如水文资料）等，全部按规定装订归档。

安全生产标准化。标准化管理是全面提升生产经营管理水平，建立安全生产长效管理机制的重要举措，是小水电企业谋求发展的有效途径。为加快向"小而好、好而优"精品小水电单位目标迈进的步伐，鸳鸯池水电站自1994年开始，就全面推行标准化管理，通过20多年的努力，水电站形成了安全生产标准化、制度化的规范管理。标准化管理就是要把安全生产的诸要素进行系统管理，管理主体、对象、过程、环节等各个方面达到标准化要求。水电站把落实人员责任，提高人的素质，建立制度规范，消除设备及环境中的安全隐患，完善管理措施及方法，形成水电站自身特点的管理文化，构建安全生产长效机制作为标准化管理的重点工作，具体健全安全生产管理体系，落实安全生产责任；完善安全生产管理制度，规范安全生产管理基础；加强岗位管理，提高岗位绩效；着力安全教育培训，提升职工队伍综合素质；落实安全生产现场管理；统筹进行水工建筑物管理；常抓平时运行管理；严格进行设备管理。

二次保护屏

安全生产始终是电站发展和永恒的主题，是一切工作的基础。水电站坚持"安全第一、预防为主"的方针，全面贯彻"责任重于泰山"的指导思想，狠抓岗位管理、设备管理、现场管理，严格执行安全生产标准化，把安全责任层层分解，落实到人，

自动化监控操作屏

结合水电站自身特点，在制度建设上突出一个"细"字，在规则执行上突出一个"实"字，在安全考核上突出一个"严"字。水电站建成40余年以来始终把安全工作放在第一位，严格按安全规程操作，确保了水电站各项工作的顺利进行，保持了几十年无重大安全责任事故。

三、小水电发挥大作用

鸳鸯池水电站是国家投资的基本建设项目，于1974年12月建成投入运行，经历了40多年的风风雨雨和沧桑变化。在这40多年来，鸳鸯池水电站在过去金塔县电力资源长期短缺的情况下，从20世纪70年代开始，向全县城乡供电，使金塔县实现了初级电气化，有力地支持了城乡经济的发展，成了金塔县经济发展的支柱产业。20世纪90年代联网供电后，缓解了地方电网的电力供需矛盾。截至目前，鸳鸯池水电站累计发电4.5亿kW·h，产生直接经济效益5000万元，为金塔县工农业生产和经济社会发展发挥了重要的作用，做出了重要的贡献。

鸳鸯池水库是我国老一代水利专家原素欣设计并主持修建的，在1942年动工，1947年建成。在抗日战争时期，在经济落后的河西走廊建成这样一座当时中国最大的土坝水库应该是一个奇迹。水库当时设计灌溉能力20万亩，有效改善了河西干旱的面貌，解决了酒泉、金塔两县的争水矛盾。

近年来，随着鸳鸯池水电站经济效益的提高，鸳鸯池水库的环境面貌得到了很大改善，现代化管理水平有了很大提高，有效推动了各项事业的蓬勃发展，特别是对水库旅游资源的开发，奠定了经济基础和电力保障。同时，对水库的维修养护和运行经费提供了经济支持，水电站为保证水库的正常运行发挥了重要作用，也为地方电网提供了大量的电能，有力地支援了金塔县的工农业生产，为金塔县的经济建设和小水电事业的发展起到了重要的作用。

（作者单位：金塔县鸳鸯池水库管理所）

水生明珠　情系昆仑
——青海省格尔木市小水电发展纪实

陈大勇　张学进

格尔木市位于青海省海西蒙古族藏族自治州南部，昆仑山脉北侧，柴达木盆地南缘，平均海拔2800.00m。西接新疆，南临西藏，北连甘肃，是青海、西藏、甘肃、新疆四省（自治区）的交通枢纽。1976年前，格尔木市没有通电。党政机关、事业单位和当地驻军靠柴油发电机自筹动力，主要完成抽水任务，保证饮水需要。当

水电站厂区——戈壁滩上的一抹绿色

时辖区内常住人口约5万人，仅靠煤油灯伴随长夜。

格尔木在蒙语意为河流汇集的地方。格尔木河发源于昆仑山，上游3条支流汇合后流经格尔木市始称格尔木河。格尔木河年平均流量7.8亿 m³，水能资源可开发量11万 kW。格

小干沟电厂厂区

尔木人民依托当地资源优势，用自己的勤劳和智慧，治水与办电相结合，在昆仑山下、柴达木盆地边缘修建了一座座水电站，并逐渐连接成网，为格尔木市的发展提供了可靠的电力保障，同时提升了城市防洪标准，为当地农林牧业发展提供稳定的灌溉水源。并不断发展壮大的水电公司为当地经济社会可持续发展和和谐社会建设做出积极的贡献。

一、水生明珠——乃吉里水电站建成使格尔木人民告别了煤油灯

1958 年，随着柴达木盆地的开发建设，格尔木成为青藏公路上重要的交通枢纽和后勤基地，电力供应是最大的瓶颈。1959 年开始设计建设乃吉里水电站，受当时条件限制，1972 年才开工建设。"乃吉里"在蒙语里是"朋友"的意思。该水电站是昆仑山口格尔木河上第一座水电站，电站周围是一片荒漠，没有绿色，没有花香，没有人烟。建设者们携带帐篷安营扎寨，夏天饮河水，冬天化河冰，白天忍受海拔3100.00m 高烈日的灼烤，晚上忍受当地特有的大尾恶蚊的叮咬。历经几年的艰苦奋斗，终于在 1979 年建成并投产发电。水电站装机容量3×3000kW，是 20 世纪 70 年代青海省组织建设的最大的水电站。

乃吉里水电站的建成，凝聚了水电建设者们超强的智慧和辛勤的劳动。当年参

加过乃吉里水电站建设的李建义同志，提起当年的建设场景还非常感慨。据他介绍：当时是万人大会战，建设者中有水电工程技术人员，有知青农建师工程团，有当地驻军，有民工、学生等。当时他本人还是一名中学生，也到工地上背过石头。这里成了工程师的摇篮，一大批水利专业人才从这里走出来，他本人也成长为格尔木水电公司的副总经理。同时，也有几个同志为水电站建设献出了宝贵的生命，成为格尔木水电发展史上永远的怀念。

乃吉里水电站库区

乃吉里水电站的建成，实现了一个地区水电事业从无到有的艰难起步，结束了格尔木地区无电的历史，告别了柴油发电机、煤油灯，揭开了青藏高原水电开发的序幕，给格尔木市工农牧业生产和人民生活提供了电力保障，对后来格尔木地区经济发展起到了决定性的作用，被誉为"戈壁滩上的一颗璀璨的明珠。"

二、电气化县建设——为格尔木经济社会发展提供可靠的电力保障

随着青藏铁路西进通车到格尔木，盐化工业的逐步扩大和石油化工项目的开发，原有的电力规模不能满足需求。冬春时节，只有20:00—24:00供电。在这种情况下，格尔木河上的第二座水电站——小干沟水电站被水利部列入全国第二批农村水电初级电气化建设项目。并于1988年开工，1991年投产发电。该水电站总装机4×8000kW，年发电量2亿kW·h。从此结束了格尔木地区冬春两季限电的历史，保证了格尔木地区不间断供电和重要用户的正常供电，地区独立的小电网初步形成。

随着经济的发展，工业水平的提高，格尔木地区的用电增长每年都在10%以

上。特别是格尔木炼油厂的建设、石油管道的建设以及青藏铁路的建设，当地电力供需矛盾再次凸显。2000年，又建成了装机2×10000kW的大干沟水电站。实现了格尔木炼油厂双电源安全供电格局，大大缓解了当地电网缺电的局面，减轻了格尔木市防洪、排涝、农田灌溉的压力，进一步促进了当地经济社会的发展。

三、打造绿色电站——戈壁滩上一道道靓丽的风景

格尔木90%以上的土地属于荒漠戈壁，周边400km内没有城市。少雨、多风、干旱，每年风沙天气180天。年平均降雨量仅41mm，蒸发量高达3000mm，加上海拔高、空气稀薄、气候寒冷，动植物种类少，生长期短。因此，每一棵树、每一株草都需要精心呵护。

沿青藏公路或青藏铁路行驶，格尔木段看到的是茫茫沙海、大漠戈壁、巍巍昆仑，一片苍凉之美。连格尔木河都被淹没在一片苍茫之中。陪同考察的水电公司总经理于宗甲提醒我们：见到绿色的地方就是电站！格尔木水电公司共有4座水电站，装机容量7.4万kW，另有3座股份制电站。公司非常重视厂区绿化工作，1988年以来每年投资数10万元用于绿化，最近几年每年更是投入几百万元。现在各电站种植花草树木有苜蓿、红柳、青稞、燕麦、沙枣等，各种树木百万余棵，绿化面积30万m²。各电站站区、水库绿化覆盖率达70%以上。每年夏季电站周边草木葱郁，生机盎然，在千里戈壁高原展现出一道道靓丽的风景。

小干沟水电站引水渠

进入电站厂区，更是一幅幅别样的风景。为了改善电站员工的生活、工作环境，每座水电站都建成温室大棚，公司共有9座温室，面积1300多 m²。种植油菜、黄瓜、西红柿、萝卜、芹菜、辣椒、土豆等各种蔬菜，实现了一线职工夏季蔬菜完全自给。水电站还自己养猪、养羊、养鸡、养鸭等，每座电站都充满了生活气息。

奈金河水电站机组

在一线天电站，电站员工招待我们一顿丰盛的家宴。饭桌上有于宗甲总经理亲手包的饺子和烤的土豆，有我们在温室大棚里亲手采摘的黄瓜、西红柿、豆角，配以甜美甘洌的青稞酒。大漠深处，昆仑山下，格尔木河边，点点灯光、歌声、笑声、吆喝声交织在一起，使我们赶走了一路上的风尘，忘却了戈壁深处的苍凉。

四、情系昆仑——戈壁深处继续谱写壮丽篇章

格尔木河水电开发对减轻洪水灾害，综合利用水能资源，促进当地生产发展，

各水电站都建有蔬菜大棚

改善人民生活发挥了重要作用，水电公司自身的实力也不断增强。目前，公司拥有员工240多人，每年上缴税收1000多万元。公司响应当地党委、政府的号召，拿出10余万元积极参与"百企联百村"定点帮扶活动，捐助慈善事业。小干沟水电站被评为爱国主义教育基地，公司获得2014年青海省

"五一"劳动奖章。公司还先后获得水利部安全生产先进单位、青海省模范集体、青海省民族团结先进单位、青海省利税上缴先进企业等荣誉称号。

2001年前，格尔木地区为独立运行电网，格尔木水电公司承担着整个电网的发供电任务，支撑着格尔木地区用电需求。随着经济社会的不断发展，青海电网330kV、750kV相继接入，格尔木地区用电量大幅提升，格尔木水电公司仍然承担着格尔木电网主要支撑点作用，在地方电网的正常运转发挥不可替代的作用。2015年，在财政部、水利部的支持下，公司又投入约7000万元对乃吉里和小干沟水电站进行了增效扩容改造，两座电站共增加装机容量1.1万kW，改造工程预计在2015年10月完成。

目前，水电公司所属的水电站全部通过了青海省安全生产监督管理局组织的安全生产评审，4座电站正通过绿色小水电现场评审。各水电站的集中控制系统已经建立起来，在全省率先实现了小水电远程操作。谈及未来，总经理于宗甲谈到：地方经济发展必定带动电能的需求，我公司将继续发展格尔木流域小水电及其他清洁能源，壮大企业实力，为格尔木经济发展贡献一份力量。

（作者单位：水利部水电局）

我的绿色行走
—— 见证小水电代燃料工程十年历程

赵学儒

一

2012年10月15日午后,我完成对贵州的采访后,决定从贵阳回京。刚到机场,接到中国水利报编辑部打来的电话,让我从北京首都国际机场直接转机飞往黄山机场,到安徽省休宁县参与全国小水电代燃料工程现场会的新闻报道。领导强调,水利部副部长胡四一将出席这次活动,你一定要赶上今天去黄山的最后航班,不能耽误明天上午的活动报道。

过了安检,我来到登机口。广播喇叭里传出习以为常的声音:贵阳飞往北京的本次航班晚点,起飞时间另行通知。

这不是明明要耽误我的事吗!

哎,等飞机就要耐下心来,不管有多么急的事,你都要等。

我找了座位,打开电脑,浏览新闻。因为十余年"跑水电口",对水电的新闻特别关注,一则对小水电建设颇有偏见的报道引起我的注意。

标题:小水电引发生态危机。

文章说,一些小水电站在规划建设中,未考虑生态用水和下泄生态流量,缺乏相应的泄水建筑物和合理的调度方案,导致坝下出现脱、减水河段,造成河槽裸露,河床干涸,山区河流水生生态系统受到毁灭性破坏。

文章说,在西部一些干旱、半干旱及生态脆弱地区,不合理的小水电开发加剧了区域水资源失衡,引发河道沿岸生活用水和工农业用水矛盾。

文章还说，一些小水电拦河坝阻断了洄游性水生生物的通道……

文章作者我认识。从他的文章中，看到他只强调小水电的"弊"，而忽略小水电的"利"。对记者来说，选择就是观点。观点引导舆论，因此我们的观点应该全面、客观、真实，不可以偏概全。

小水电更多的是保护生态，而不是破坏生态！

我当时拨通了他的电话，因飞机马上就要起飞，双方商定把我的意见传到他的电子邮箱。

二

飞机终于起飞。

随着飞机缓缓上升，我闭目沉思。

小水电即定义为单站装机容量 5 万 kW 及以下的水电站，也包括与这些水电站配套的电网。因小水电站建在山区农村，直接为农民和当地经济社会发展服务。因此，也称农村水电。我国目前已建成的 45000 余座小水电站，深居边远山区、少数民族地区等，就地发电，就地照明，就地"推碾子拉磨"，给那里带去不小的变化。

前边说的小水电代燃料工程，就是在水能资源比较丰富的地方建立小水电站，称"代燃料电站"，把小水电站发出的电廉价卖给农民使用。有了电，农民可以照明，看电视，烧饭，取暖，乘凉，发展各式各样的特色经济。

实施小水电代燃料工程后，那里的农民老乡不再上山砍柴，也就保护了生态，改善了农村环境。

然而，我的经历却截然不同。

几十年前，我在太行山老家的一位以砍柴卖柴为生的乡邻大爷，生就一副高大的身板，力大如牛，攀岩走壁如猿猴一样敏捷，经常攀到常人不能涉足的悬崖绝壁上砍陈年老树。一次，他一脚蹬空，从数百米的高空栽下，随着一声惨叫划破山谷，原本活蹦欢跳的汉子殒命荒野……

我中学要到十里外的学校念书，母亲每天清晨起床做饭，不分春夏秋冬。有年夏天，阴雨连绵，柴火都被淋透了，母亲点火不着，单腿跪到地上，伸着脖子低头向灶膛里吹气，气变成风，风吹火星忽暗忽明。母亲吹着吹着，火突然燃着，灶膛的柴灰扑了母亲一脸。等她站起来，她的眼眉被烟火燎焦了，一双亮亮的眼珠四周满是灰尘，脸上渗出丝丝苦笑……

还有我，从小在煤油灯下做作业，煤油燃烧的气雾不知不觉进入鼻孔，鼻孔里都是黑污。上中学的一次，全班同学集中感冒，教室内擤鼻涕声此起彼伏。同学们流涕不止，鼻涕滴在洁白的本子上印出一片黑迹，黑白格外分明，于是老师让全班放假休息。多天后，同学们感冒好了，黑污却在鼻孔里潜伏了许久……

这都是"没电"和"烧柴"惹的祸！

多年后，当我深入各地采访小水电代燃料工程，看到那里的老乡结束烟熏火燎的历史，开始了文明的新生活时，内心虽然充满嫉妒，但也由衷地拍手叫好。

飞机降落在首都机场。还好，去黄山的飞机也晚点了，还要等。

我打开电脑，给他写信。

三

看了您的报道，我想把十余年采访小水电过程中的所见所闻告诉您，希望您看到小水电的另一面。

2005 年 4 月，全国小水电代燃料工程现场会在贵州普安青山镇召开，我随中央媒体采访团到那里采访。

当时，普安县是我国 500 个重点扶持贫困县之一。

2004 年，普安县小水电代燃料试点工程项目建设通过达标验收，其青山、楼下、雪浦等乡镇的 1.33 万人用上了代燃料电。优惠的电价使他们得到了实惠，也使大片森林得到保护。

我们来到这里的时候，乡亲们那个高兴的劲头，真是难以言表。

一排四十来个八至十五岁的孩子，坐在路边的挡水墙上欢喜雀跃。当我们来到他们跟前时，他们同时高举右手，热烈欢呼，用独特的方式迎接远方的客人。在夹道欢迎的大人队列里，一个牙牙学语、蹒跚学步的婴儿躲在母亲身后，小脑袋像只小老鼠，从母亲双腿的缝间伸出来窥探。这里的孩子真幸运，从小就开始了文明的生活。

"我做梦都没想到，老了老了却开始了新生活！"83 岁的刘名成老汉激动地说。他从十来岁就上山打柴，已经 70 多年，现在却摆弄起家中的电炊具。刘老汉满脸黑黢黢的皱纹遮不住内心的兴奋，用粗糙、笨拙的大手启动电源开关，电炒锅顿时冒出热气。他把鸡蛋打进锅里，经过翻来掭去，一个金黄的坨子带着扑鼻的香味落到锅里……

2006 年，普安县扩大试点建设项目，更多的老乡从中受益。

2009 年，我再次来到这里采访，看到青山郁郁，绿水莹莹，街道整洁，春风和煦，千百年来维系中国农民生存的"炊烟"已经远去，一个"点灯不用油，烧饭不用柴"的新农村来到眼前。

普安，只是全国实施小水电代燃料工程的一个缩影。

水利部数字：全国小水电代燃料试点工程在 2003 年正式启动，2006 年扩大试点建设，自 2009 年以来有 60 多万农民与烟熏火燎彻底告别，走向新生活。

机场广播通知，继续等待。

四

您是否看到老乡对小水电代燃料工程的热爱和拥护？

其实，我的所闻所见所经历都告诉我：小水电代燃料工程是"德政工程""民生工程""生态工程"。

我把发表在《中国水利报》的短文粘贴给您，表明我的观点。

标题：走向文明新时代。

"燧人取火非常业，世界从此日日新"。赵朴初先生的这句诗，说明火是文明的种子，火的发明结束了人类茹毛饮血的时代，开创了文明新纪元。然而，这个"日日新"持续得太久太久，又成为人类进步的桎梏。

随着人类的繁衍生息，人口数量增多，对柴火的需求加大，出现大量、掠夺性的砍伐。我国约有 47% 的山区农民靠烧柴做饭、取暖。这不仅耗费众多的劳力，而且破坏了森林植被，造成了生态环境恶化，出现了可怕的生态赤字。

幸好，作为可再生能源的小水电迅速发展，在应对全球经济危机，缓解生态环境恶化等方面作用彰显。我国实施的小水电代燃料工程，已经或正在从源头上根本解决农民砍树烧柴问题。小水电代燃料工程这一"非常业"，开启了"日日新"的文明新时代。

……

您不妨看看其来龙去脉：

2000 年前后，我国生态危机悄然逼来。

我国有 7.5 亿人口生活在农村，利用薪柴炊事、取暖、制茶、烤烟叶、烧砖瓦，产生大量的二氧化碳和烟尘，污染生活环境非常严重。同时，陡坡开荒、森林砍伐，造成植被破坏、森林锐减、洪水泛滥，导致大部分地区生态恶化、生存环境恶劣和贫困落后，生态安全受到严重威胁。

1999 年后，我国陆续启动了水土保持、天然林保护、退耕还林、自然保护区等生态建设和保护工程来改善生态环境，基本上遏制了生态环境恶化。但是，农民要烧柴，就要上山砍树，树被砍光了。

水利部门发现小水电代燃料工程能够从根本上解决这些问题。

2001 年，时任国务院总理的朱镕基在湖南、四川、贵州考察时指出："保护和改善生态环境，已到了刻不容缓的地步……解决居民生活所用燃料问题，就要大搞小水电站，几十、几百千瓦的小水电站，小溪小流都能搞，但不能乱建。"

他说："……水电是你们最好的资源，最便宜的能源，你们要好好开发，好好整顿，使农民用到便宜电，也为你们增加财政收入。"

他又说："要通过发展小水电等解决农民的燃料和农村能源问题，防止滥伐山林，保护退耕还林成果。"

2003 年，小水电代燃料工程试点启动。

五

飞机终于再次起飞。

小水电不小呀，历届中央大领导都关心、支持过！

1960 年 5 月，毛泽东视察浙江金华双龙电站。

1982 年 9 月，邓小平肯定水利电力部发展小水电的情况汇报。

1995 年 12 月，江泽民签署主席令，颁布《中华人民共和国电力法》。

我从《中国小水电 60 年》一书《保护生态的小水电代燃料工程》第七章中了解到，中央有关领导对小水电代燃料工程做过重要批示。

胡锦涛批示，要加大农业基础设施建设力度，尤其要增加对农村水电等"六小"工程的投入。要加大扶贫开发力度，提高扶贫开发成效，以改善生产生活条件和增加农民收入为核心，加快贫困地区脱贫步伐。

……

党中央、国务院为小水电代燃料生态建设工程出台了一系列红头文件。其中，《国务院办公厅关于落实中共中央、国务院做好农业和农村工作意见有关政策措施的通知》明确启动小水电代燃料试点，由水利部牵头，会同国家计委、西部开发办提出意见并抓紧组织实施。

……

2002 年 11 月，水利部编制了《全国小水电代燃料生态保护工程规划》（以下简称《规划》）。《规划》到 2020 年，解决 2830 万户 1.04 亿农民的生活燃料问题，新增小水电代燃料装机 2403.8 万 kW，年发电量 781.2 亿 kW·h。

这个《规划》来之不易！

水利部统计：全国有 26 个省 886 个县近万名科技人员和水利干部职工参加了调查研究。水利部广泛听取了全国不同地方群众，有关院士，农业、农村、林业、环境、经济、生态、电力等部门和国家发改委、财政部、中财办、中央政策研究室、国务院研究室、国务院发展研究中心等有关单位领导和专家的意见和建议，认真审核，严格筛选，最后尘埃落定。

10 年间，各地探索实行了"所有权、经营权、使用权"三权分设的管理体制；实行了"国家补助、企业运作、农民参与、协会监督"的运作机制；合理确定了电量和电价，立足长期有效稳定发展；建立健全了各种规章制度，形成完整的保障体系；实行了多种供电方式，构建完善的服务网络，确保农民利益。

小水电代燃料这个新生事物，逐渐走向成熟。

飞机缓缓下落。

第二天，我参加了全国小水电代燃料现场会。

会上，主持人首先宣读了李克强等中央及国务院领导对发展小水电的重要批示……

六

从黄山回北京，飞机起飞"正常"——晚点！

给您写的信都不见回复，不知道是什么原因？

理性地想，您的文章并没有错。我只是想说，一张脸上落了一只苍蝇，千万不要说这张脸就是黑的，尤其作为一名记者应该这样报道：这张有眼睛有鼻子有嘴巴的脸上还有一只急需我们拍打的苍蝇，甚至应该指出拍打苍蝇的办法路径时间和拍打苍蝇后这张脸更加容光焕发、光彩照人的一面。

小水电不是"罪人"，而是山区百姓的"功臣"，是我们国家的"功臣"。但是，其快速发展也对生态环境造成不利影响，尤其是几年前的"圈水圈河"和"无序开发"运动，使有些地区真的像您说的那样糟糕，那也是现在的主管部门即水利部门不愿意看到的。

采访中，我看到再次担负小水电开发管理的水利部门正在着力。

水利部按照生态文明建设的要求，陆续发布了相关文件，明确规定农村水电开发建设应满足下游生态用水要求。各地主动采取对水能资源开发生态环境保护的措施，对严重影响生态环境和水资源综合利用的已建电站按程序评估后逐步拆除。

水利部组织开展全国水能资源开发规划调查，基本摸清各地规划工作现状和5260条河流水能资源开发规划情况。有的地方明确水能资源禁止开发区、规划保留区和开发利用区；有的出台生态流量管理意见，规定小水电站最小下泄生态流量；有的在重点流域安装生态流量监控装置。

水利部还积极推动绿色水电评价，完善农村水电环境保护技术标准，引导建立环境友好、社会共享、经济合理和安全高效的绿色小水电，使水电开发标准实现由"工程建设标准"向"绿色水电标准"的实质性转变。

这次会议透露，我国在小水电代燃料工程试点、扩大规模的基础上，又确定 14 个集中连片特殊困难地区实施小水电代燃料工程，促进这些地区农民生产生活条件改善，加快脱贫致富步伐，建设美丽家园。

胡四一副部长在这次会上要求：优化工程布局，集中连片推进项目建设；严格审查审批，提高前期工作质量；规范建设管理，创建农村水电优质工程；统筹各方资金，加强项目区建设；完善体制机制，确保代燃料效果……

……

我的心中充满期盼：

再给我那位乡邻大爷一次生命，让他不再冒险上山砍柴；再给我母亲一次机会，让她享受没有烟熏火燎的亮堂日子；再给我一次童年和少年，让我在青山绿水间快乐成长……

然而，这是妄想！

希望寄托于全面实施小水电代燃料工程吧，让中国最大群体——我所有的农民老乡及他们的孩子，都能享受清洁电力带来的新生活。建设美丽中国，请从他们的心中起程，加快步伐，不要"晚点"！

（作者单位：中国水利报社）

我国小水电开发过度了吗？
—— 专家详解小水电开发热点问题

于文静

水利部数据显示，截至 2014 年年底，全国已建成装机在 5 万 kW 及以下的小水电站 47000 多座，使 3 亿多农村人口告别了"无电生活"。目前，小水电开发是否过度？是否必然破坏生态？国际社会对小水电是何态度？在 9 月 20 日举办的"小水电的生态作用科普论坛"上，业内专家和有关负责人回答了公众关心的热点问题。

一、小水电开发是否过度？

水利部农村水电及电气发展局局长田中兴在论坛上表示，"水电是重要的清洁可再生能源。截至 2014 年年底，按电能统计，全国小水电开发率约为 41%，远低于欧美发达国家水电开发程度。目前，瑞士、法国开发程度达 97%，西班牙、意大利开发程度达 96%，日本开发程度达 84%，美国开发程度达 73%。"

记者从中国水力发电工程学会和中国科普作家协会主办的论坛上了解到，截至 2014 年年底，全国小水电装机容量 7300 万 kW，年发电量 2200 多亿 kW·h，替代 7400 万 t 标准煤，减少二氧化碳排放 1.9 亿 t，减少二氧化硫排放 178 万 t。

田中兴表示，我国小水电开发率并不算高。一条河流、一个区域建多少水电站没有统一量化标准，取决于河流资源禀赋和功能，需通过专业论证和规范的审查审批，在规划中明确。目前，我国未开发水能资源大部分集中在 832 个贫困县，对于山区农村脱贫致富有重要意义。

多年来，小水电点亮中国农村，使全国 1/2 的地域、1/3 的县（市）用上电，改善了生态环境。小水电代燃料项目实施以来，解决了 400 万农民的生活燃料，每年保护森林面积1400万亩。在2008年南方雨雪冰冻灾害以及汶川、玉树地震中，小水电应急供电能力突出，成为点亮区域电网的"最后一根火柴"。

国际小水电中心主任刘恒说，"中国小水电开发具有优势，表现在技术成熟、投资规模较小、经济效益较好、环境影响相对可控、淹没和移民问题少。"

二、小水电是否一定破坏生态？

小水电对生态的影响被公众关注。主要集中在河段减脱水、鱼类保护、水土保持和地质灾害等方面。

中国工程院院士李立涅在论坛上表示："小水电的负面影响不是其本身禀赋造成的，通过监管、规划等措施可以遏制。"

"我国有些山区河流本身就是季节性河流，枯水期河水断流、河床裸露。同时，一些早期建设的引水式电站受技术条件限制，没有设计、建造最小流量泄放设施，随着水资源开发利用程度越来越高，使得引水河段减水脱流现象有所加剧。"田中兴说。

据了解，"十二五"期间，全国4400多座老旧水电站进行了增效扩容改造，改善了近2000条中小河流生态环境。福建、陕西、甘肃等地出台水电站最小下泄流量监管办法，要求设置生态泄水管、增设生态机组、新建壅水坝和开展梯级联合调度，确保河段生态需水。

鱼类保护方面，2012年水利部组织全国对3500多条中小河流水能资源开发规划进行修编，凡涉及国家和地方重点保护、珍稀濒危或特有水生生物的河段不再规划新建小水电项目。

田中兴表示，小水电的水土流失问题主要在建设施工阶段，要加强工程监理和监测，落实防治责任；在地质灾害防治方面，水电站能够减小水流破坏力、维持河床稳定，消减泥石流等地质灾害危害。通过科学规划设计和运行管理，小水电开发对局部生态环境的不利影响可以降至最低程度甚至消除。

刘恒表示："目前对小水电的争论主要是因为部分地区缺乏监督和管理，以及追逐经济利益忽略生态和环保造成的。在环境保护严格的国家，则少有此类争论。"

三、国际社会如何看待小水电？

刘恒说，"在能源危机不断加剧，可再生能源发展迫切需要之时，小水电迎来了新的发展机遇。"

田中兴表示，欧美发达国家重视小水电开发。2013年8月，美国施行法案，简化和加快小水电开发监管审批程序。美国不仅重视小河流发电，对回收和开发灌溉渠道上的跌水、分水节制闸和退水闸上的微小水能也很感兴趣，准备利用现有坝和水库以及其他水利设施的水能资源发展小水电和微型水电站；欧盟在水电开发程度较高的情况下，仍计划改扩建或新建小型水电工程，增加水电装机。

刘恒表示，在联合国系统，呼吁大力发展水电声音越来越强。世界银行、亚洲开发银行等机构在发展中国家积极进行引导和支持。国际上先后开展了绿色水电认证、低影响水电认证和水电可持续性评估。

李立涅认为，今后中国发展小水电，必须在政策、技术、市场方面着力。在小水电电价、上网、融资方面切实支持；走技术创新之路，做到科学实施规划、电站建设和运行管理；做到政府主导、市场导向、资质认定、加强监管。

"绿色小水电是今后发展方向。"刘恒说，中国正在推行绿色小水电评价和认证，"点亮非洲"项目得到非洲国家欢迎。未来应大力发展"民生水电、平安水电、绿色水电、和谐水电"，助力可持续发展。

（作者单位：新华社）